Sitzungsberichte
der Heidelberger Akademie der Wissenschaften
Mathematisch-naturwissenschaftliche Klasse
Jahrgang 1948, 10. Abhandlung

Über den Gehalt von Vitamin C in Pflanzen

Von

A. Seybold und H. Mehner

Mit 2 Textabbildungen

Vorgelegt in der Sitzung vom 19. Juni 1948

Heidelberg 1948
Springer-Verlag

ISBN-13: 978-3-540-01356-3 e-ISBN-13: 978-3-642-45809-5
DOI: 10.1007/978-3-642-45809-5

Softcover reprint of the hardcover 1st edition 1948

Über den Gehalt von Vitamin C in Pflanzen.

Von

A. Seybold und **H. Mehner**

Mit 2 Textabbildungen.

Inhaltsübersicht.

Einleitung.

Zum „ersten Grün des Frühlings" gehört das Scharbockskraut, das bekanntlich in vergangenen Jahrhunderten erfolgreich gegen den besonders in den Wintermonaten auftretenden Skorbut Verwendung fand. Ihrer heilenden Wirkung verdankt die Pflanze ihren Namen. Es nimmt nun wunder, daß die titrimetrische Bestimmung ihres Askorbinsäuregehaltes (AS-Gehalt) so niedere

Werte ergab; LÖHNER (1940) fand nämlich in 100 g Frischgewicht des Krautes nur 8—44 mg „Vitamin C". Man sollte doch bei dem „Skorbutkraut" einen höheren AS-Gehalt erwarten dürfen, da viele Pflanzen, z. B. die Petersilie, 300—400 mg-% aufweisen. Soll man bei dieser Sachlage dem Skorbutkraut seinen Namen streitig machen oder das Ergebnis der von LÖHNER vorgenommenen AS-Bestimmungen anzweifeln?

Eigene titrimetrische Untersuchungen, die von einer allgemeinen pflanzenphysiologischen Frage ausgingen, ergaben, daß der VC-Gehalt (VC-Gehalt) des Scharbockskrautes etwa 150 mg-% VC beträgt, der Pflanze also ihr Name mit Recht zukommt. Nun ist leider von LÖHNER nicht nur der VC-Gehalt von *Ficaria verna* unrichtig bestimmt worden, sondern auch von vielen anderen Pflanzen, und noch bedauerlicher ist, daß auch die meisten anderen Forscher, die sich um die Ermittlung des VC-Gehaltes der Pflanzen bemühten, in vielen Fällen keine richtigen Werte erhielten. Die gesamte, bekanntlich sehr umfangreiche Literatur über den VC-Gehalt von Pflanzenorganen bedarf daher einer kritischen Sichtung, vor allem dann, wenn vergleichend-physiologische Betrachtungen über den VC-Gehalt zur Klärung der Funktion der Askorbinsäure bzw. des Vitamins C in der Pflanze angestellt werden. Mit dieser Kardinalfrage beschäftigen wir uns seit einer Reihe von Jahren. Wenn wir auch noch kein endgültiges Urteil über die Funktion des VC im Stoffwechsel der Pflanze abgeben können, so halten wir es doch für geboten, jetzt einen größeren Teil unserer VC-Bestimmungen zu veröffentlichen, weil an dem Ergebnis nicht nur die Pflanzenphysiologen, sondern auch andere Forscher und Praktiker interessiert sind.

Bemerkung. Die Abkürzungen im Text und in den Tabellen bedeuten folgendes: AS = Askorbinsäure; DAS = Dehydroaskorbinsäure; VC = Vitamin C (AS + DAS); FG = Frischgewicht; TG = Trockengewicht; TG % = Trockengewicht, angegeben in Prozenten des Frischgewichtes des verwendeten Analysenmaterials; mg-% AS = Gehalt an mg Askorbinsäure in 100 g Analysensubstanz; mg-% VC = Gehalt an mg (Askorbinsäure + Dehydroaskorbinsäure) = VC in 100 g Analysensubstanz.

Die mit * markierten AS-Werte der Tabellen 11—22 müssen wir als zu niedrig ansehen, weil bei der Abreibung des Pflanzenmaterials versuchsweise weniger Metaphosphorsäure als üblich verwendet wurde. Die angegebenen markierten AS-Werte entsprechen nicht dem wirklichen AS-Gehalt des Analysenmaterials. Richtig sind nur die VC-Werte (s. nächster Abschnitt), während die AS-Werte mit mehr oder weniger großen Fehlern behaftet sind.

Die Ziffern I—VII der Tabelle 11 ff. entsprechen der S. 32 beschriebenen Gruppeneinteilung der VC-Gehalte, und zwar nimmt jeweils die vorletzte Vertikalspalte auf das FG, die letzte auf das TG Bezug.

Die vorliegenden Ergebnisse wurden hauptsächlich 1944—1946 gewonnen, wobei wir von verschiedenen Seiten unterstützt wurden, und wofür wir auch hier an dieser Stelle zu danken haben. Frau OLGA PAVLOVSKY arbeitete bei dem größten Teil der VC-Bestimmungen unermüdlich mit. Herr Dr. MÖCKEL und Herr Dr. SCHWANITZ lieferten uns Untersuchungsmaterial (s. S. 101 und 119). Bei der Aufnahme unserer Versuche sind wir von der Landwirtschaftlichen Versuchsstation „Limburgerhof" der vorm. I.G.-Farbenindustrie AG., Herrn Dr. ROTH, freundlich beraten worden. Außer den Genannten wollen wir auch hier noch den technischen Mitarbeitern des Botanischen Instituts danken.

Bestimmungsmethoden.

VC findet sich in frischem Pflanzenmaterial als AS und im allgemeinen nur zu einem geringen Anteil als DAS. Die Summe beider, berechnet auf das Mol-Gewicht der AS, bezeichnet man als Gesamt-VC.

Zur Bestimmung der AS wird von den verschiedenen in der Literatur angegebenen Verfahren das älteste von J. TILLMANS (1927) und seinen Mitarbeitern angegebene, das in der Titration mit 2,6-Dichlorphenolindophenol besteht, heute noch am meisten ausgeübt. Es ist auch nach Abänderungen und Verfeinerungen durch verschiedene Autoren im Prinzip das gleiche geblieben. Für die Bestimmung des Gesamt-VC ist das von A. EMMERIE und M. VAN EEKELEN (1934 und 1936) erfundene Merkuriazetatverfahren das gebräuchlichste. Nach ihm wird der Pflanzenextrakt mit einer Lösung von Merkuriazetat versetzt, das die AS zu DAS oxydiert und gleichzeitig die Analyse störender Substanzen niederschlägt. Nachfolgende Behandlung mit Schwefelwasserstoff fällt das Quecksilber und reduziert die DAS (die im Extrakt ursprünglich vorhandene und die durch die Oxydation der AS gebildete) zu AS, die nach Entfernen des Quecksilbersulfids und des überschüssigen Schwefelwasserstoffes mit 2,6-Dichlorphenolindophenol titriert wird.

Bei der leichten Oxydationsfähigkeit der AS ist es nicht zu vermeiden, daß schon beim Lagern, beim Zerkleinern und während der Aufarbeitung des Analysenmaterials, besonders bei Anwesenheit von Oxydasen in ihm, ein kleinerer oder größerer Teil der vorhandenen AS in DAS übergeht und sich dadurch der direkten Bestimmung mit 2,6-Dichlorphenolindophenol entzieht. Aus diesem Grunde möchten wir die Angabe von GSTIRNER (1941), daß die Bestimmung des Gesamt-VC (mittels des Merkuriazetatverfahrens) in den meisten Fällen ausgeführt werden solle, dahin erweitert sehen, daß das stets geschehen sollte, weil über die Größe des Anteils an VC, der durch direkte Titration nicht erfaßt wird, im voraus nichts ausgesagt werden kann, so daß ohne die Bestimmung des Gesamt-VC die Ergebnisse unsicher und daher von zweifelhaftem Werte bleiben. Eher könnte auf die Bestimmung der im Pflanzenextrakt als solche enthaltenen AS verzichtet werden.

Die leichte Oxydierbarkeit der AS ist unseres Erachtens auch der Grund, warum in der Literatur so wechselnde, oft sicher zu niedrige Werte für den Gehalt an AS in Pflanzen angegeben werden. Leider ist aus den Veröffentlichungen über den Gehalt an VC oftmals nicht ersichtlich, ob nur die AS oder das Gesamt-VC bestimmt worden ist. Wahrscheinlich ist in der Mehrzahl dieser Fälle nur der Gehalt an AS, nicht auch der an Gesamt-VC ermittelt worden in der öfter geäußerten Annahme, daß die Differenz im Gehalt zwischen beiden nur klein sei, so daß man die Bestimmung des Gesamt-VC haben sparen können. Da über die Berechtigung dieser Annahme, wie oben erwähnt, in jedem Falle aber nicht vorher, sondern erst nach Ermittelung beider entschieden werden kann, sind Analysenergebnisse, bei denen nicht ausdrücklich mitgeteilt ist, daß das Gesamt-VC bestimmt worden ist, nur mit Vorsicht aufzunehmen.

Bei unseren Untersuchungen über den Gehalt von Pflanzen (hauptsächlich Laubblättern) an VC haben auch wir uns der Methode von TILLMANS und EMMERIE und VAN EEKELEN mit gewissen Abänderungen bedient und sind bei der Ausführung der Analysen folgendermaßen verfahren:

Herstellung des Auszugs. Von den möglichst frischen Pflanzenteilen wird die erforderliche Menge (je nach dem vermuteten Gehalt an VC, in der Regel 2—10 g) womöglich ungeschnitten oder mit einem Messer aus rostfreiem Stahl auf einer Glasplatte zerkleinert und in einer Porzellanreibeschale mit etwa 15 cm^3 (von bereitgestellten 40 cm^3) 5%iger Metaphosphorsäure überschichtet. Nach Zugabe eines kleinen Quantums eisenfreien Quarz- oder Glaspulvers (notfalls auch ausgeglühten Seesandes) wird das Material rasch und sehr fein zerrieben, um den Inhalt möglichst aller Zellen zu erfassen (weitere Einzelheiten s. S. 7). Der Inhalt der Reibschale wird dann mit dem Rest von den 40 cm^3 5%iger Metaphosphorsäure in einen 100 cm^3-Meßkolben gegeben, mit destilliertem Wasser nachgespült und der Kolben mit Wasser bis zur Marke aufgefüllt. Nach kurzem Durchschütteln wird der Inhalt des Kolbens durch einen Faltenfilter in einen trockenen Erlenmeyer filtriert oder statt dessen zentrifugiert.

Bei Pflanzenmaterial, das einen schleimigen, schlecht filtrierenden Extrakt gibt, verwenden wir einen Kolben von 200 cm^3, geben nach dem Zerreiben weitere 40 cm^3 5%ige Metaphosphorsäure hinzu, damit ihre Endkonzentration im Extrakt ebenfalls 2% beträgt. Natürlich muß bei der Berechnung des Analysenresultates das größere Gesamtvolumen berücksichtigt werden.

Bestimmung der Askorbinsäure. Von dem Filtrat kommen je nach dem vermuteten Gehalt an AS 5 oder 10 cm^3 raschmöglichst zur Titration mit einer ungefähr n/1000-2,6-Dichlorphenolindophenollösung. Der Sicherheit halber werden mehrere Titrationen ausgeführt. Wir titrieren im sauren Medium (p_H etwa 2), wie es sich bei der Herstellung des Extraktes ergibt, bis zu einer deutlichen, 30 Sek. bestehen bleibenden Rosafärbung. Die Titration im blauen Bereich (p_H etwa 6) empfehlen wir nicht.

Bestimmung des Gesamt-VC. Zum Rest des Filtrates (bzw. Zentrifugates) wird eine Messerspitze (etwa 1,8 g) reines Kalziumkarbonat gegeben, so daß die Lösung nur noch schwach sauer bleibt (p_H 4,5—5,0 Prüfung mit Lyphan- oder MERCKschem Universalindikatorpapier). Nach kurzem Schütteln wird durch ein Faltenfilter filtriert. Von dem Filtrat werden

30 cm^3 abpipettiert und in ein trockenes weites Reagensglas eingefüllt. Dann werden 8 Vol.-% (2,4 cm^3) einer 20%igen Merkuriazetatlösung und 8 Vol.-% (2,4 cm^3) einer Bleinatriumazetatlösung zugegeben. Der Inhalt wird kurz durchgeschüttelt. Spätestens 10 Min. nach Zugabe der Reagenzien wird ohne Entfernung des gebildeten Niederschlages Schwefelwasserstoff eingeleitet, bis der schwarze Niederschlag sich absetzt und die Flüssigkeit klar wird. Hierzu genügen im allgemeinen 3 Min. Das Reagensglas wird dann mit einem Gummistopfen verschlossen (Korkstopfen sind wegen möglicher Undichtigkeiten zu vermeiden), mindestens 18 Stunden stehen gelassen, damit die DAS durch den überschüssigen Schwefelwasserstoff vollständig reduziert wird. Nachher wird der Inhalt durch einen Faltenfilter in ein ebensolches trockenes Reagensglas filtriert. Der überschüssige Schwefelwasserstoff wird durch Einleiten eines von Sauerstoff befreiten, durch Passieren einer mit Wasser beschickten Waschflasche mit Feuchtigkeit gesättigten Stromes von Stickstoff oder Kohlensäure entfernt. Die Prüfung auf Freiheit von Schwefelwasserstoff geschieht nicht durch den Geruch, sondern mittels einer 5%igen Bleiazetatlösung auf Filtrierpapier. Nach dem Ausblasen wird das Reagensglas mit einem Gummistopfen verschlossen. Aliquote Teile der Lösung werden möglichst bald mit n/1000-2,6-Dichlorphenolindophenollösung titriert bis zum Auftreten einer deutlichen Rosafärbung, die $^1/_2$ Min. bestehen bleibt.

Zu dieser Analysenvorschrift sind noch folgende Einzelheiten und Erläuterungen zu geben:

1. Soweit das Untersuchungsmaterial nicht unzerkleinert zur Analyse gebraucht werden kann, sollen Zerkleinern, Abwägen und Überschichten mit Metaphosphorsäure mit größter Beschleunigung vorgenommen werden. Durch die in vielen Pflanzen reichlich vorhandenen Oxydasen können andernfalls während dieser Operationen beträchtliche Teile der AS in DAS übergehen und sich daher der direkten Bestimmung entziehen, so daß zu niedrige Werte des Gehaltes an AS erhalten werden. Bei nachfolgender Bestimmung des Gesamt-VC werden sie allerdings dann doch noch erfaßt.

Die von manchen Autoren empfohlene Infiltration des Pflanzenmaterials mit Metaphosphorsäure (oder anderen bei der Analyse verwendeten Ingredientien) im Vakuum haben auch wir wiederholt versucht, im allgemeinen aber keine anderen Resultate erhalten als bei dem von uns ausgeübten Verfahren; nur in wenigen Ausnahmefällen waren in diesem Falle die Werte für AS um eine Kleinigkeit höher als sonst, niemals aber diejenigen für VC, die die wichtigeren sind.

Das von anderen Seiten (z. B. SABALITSCHKA und KLEFFNER 1946) angeratene Stehenlassen mit warmer Metaphosphorsäure (oder anderen Chemikalien) vor dem Zerkleinern und Verreiben des Materials gab bei unseren Versuchen keine anderen Resultate als das von uns benutzte Verfahren.

Deshalb haben wir auf die Dauer von allen Komplikationen des Verfahrens abgesehen und sind bei der mitgeteilten Vorschrift als der einfachsten und am raschesten auszuführenden verblieben.

2. Metaphosphorsäure ist der beste Stabilisator für AS. Sie fällt Eiweiß und entfernt dadurch manche bei der Analyse störenden Substanzen, so daß die Titration mit 2,6-Dichlorphenolindophenol recht spezifisch wird. Die von uns angegebene Menge des Zusatzes von Metaphosphorsäure ist als die im allgemeinen günstigste ausprobiert. Nimmt man mehr, so wird das Verreiben schwierig; geht man mit der vor dem Verreiben zuzugebenden Menge wesentlich herunter, so wird infolge ungenügender Schutzwirkung

die AS zum Teil oxydiert. Die gefundenen Werte fallen dann zu niedrig aus. So fanden wir z. B. bei Untersuchung von 5 g Blättern von *Soja hispida* bei der direkten Bestimmung der AS beim Zerreiben ohne vorherige Zugabe von Metaphosphorsäure nur 5 mg-%, bei Anwendung von anfänglich 2 cm³ 5%iger Metaphosphorsäure 31 mg-%, von 5 cm³ 160 mg-%, von 10 cm³ 194 mg-%, von 15 cm³ 214 mg-%, von 20 cm³ 209 mg-% AS, wobei die beiden letzteren Werte innerhalb der Fehlergrenze der Methode liegen, also als gleich anzusprechen sind.

Die Lösung der Metaphosphorsäure wird hergestellt durch Auflösen von 50 g glasiger Metaphosphorsäure in kaltem Wasser zu 1000 cm³. Die glasige Metaphosphorsäure des Handels ist durch Zusatz von Salzen, speziell Natriumpyrophosphat, stabilisiert. Gleichwohl enthält sie schon von Haus aus erhebliche Mengen Orthophosphorsäure. In der Lösung schreitet der Übergang der Meta- in Orthophosphorsäure trotz der Anwesenheit des Stabilisators auch in der Kälte allmählich fort, so daß die Schutzwirkung der Lösung allmählich abnimmt. Deshalb sollte die Lösung bei Verwendung nicht mehr als 8 Tage alt sein.

3. Im Gegensatz zu anderen Autoren waschen wir den Filterrückstand nach Bereiten des Auszuges nicht nach, sondern gehen bei der Berechnung der Analysenergebnisse von der Annahme aus, daß das Volumen des Quarzpulvers und der restlichen Pflanzenteile bei Verwendung von 5 g Ausgangsmaterial zusammen 4 cm³ beträgt, also 96, bzw. 196 cm³ Lösung vorhanden sind. Diese Annahme enthält natürlich einen gewissen Fehler; nach unserer Meinung bleibt dieser aber innerhalb der Fehlergrenze der Methode an sich. Unsere Arbeitsweise vermeidet dafür die Gefahr der Oxydation der AS, die durch die längere Zeitdauer bis zum fertigen Auswaschen und Auffüllen verursacht wird.

4. Die Titration soll nach der Filtration möglichst bald erfolgen, weil trotz der Anwesenheit der Metaphosphorsäure allmählich doch eine gewisse Oxydation der AS durch den Luftsauerstoff eintritt. Da nicht nachgewaschen wird, kann schon titriert werden, wenn ein bescheidener Anteil der Lösung durchgelaufen ist.

5. Die n/1000-2,6-Dichlorphenolindophenollösung wird bereitet durch Auflösen von 0,18—0,25 g des käuflichen Farbstoffes (je nach seiner Qualität) in kaltem Wasser. Die Lösung wird filtriert, das Filter mit Wasser bis zur annähernden Farblosigkeit des Filtrates nachgewaschen, das Filtrat auf 1000 cm³ aufgefüllt. Die Lösung wird im Dunkeln aufbewahrt. Sie geht trotzdem verhältnismäßig rasch in ihrem Wirkungswert zurück, ist deshalb zweckmäßig nach wenigen Tagen frisch zu bereiten, jedenfalls täglich auf ihren Wirkungswert zu kontrollieren. Sie wird eingestellt gegen eine n/100-Lösung von MOHRschem Salz (Ferroammoniumsulfat), bereitet durch Lösen von 1,9608 g desselben in destilliertem Wasser unter Zusatz von 10 cm³ n/1-Schwefelsäure und Auffüllen auf 500 cm³. Diese Lösung hält sich im Dunkeln unter Stickstoff aufbewahrt, sehr lange Zeit unverändert.

Zur Bestimmung der Stärke der Farbstofflösung werden 25 cm³ derselben mit 12,5 cm³ einer kalt gesättigten Lösung von reinem Natriumoxalat versetzt — diese Lösung muß im Dunkeln aufbewahrt werden, weil sie anderenfalls einen Oxydationswert annimmt — und mit n/100 MOHRscher Salzlösung aus einer Mikrobürette bis zum Umschlag nach Gelb titriert. Man kann die Farbstofflösung zweckmäßig auch gegen die reine AS des Handels einstellen, deren Prozentgehalt wiederum durch Titration mit Jodlösung ermittelt wird. Da uns Jod nicht in ausreichender Menge zur Verfügung stand, sind wir bei der Einstellung gegen MOHRsches Salz verblieben. 1 cm^3 n/1000 2,6-Dichlorphenolindophenollösung entspricht 0,088 mg AS.

6. Die Merkuriazetatlösung wird bereitet durch Lösen von 20 g Merkuriazetat in kaltem Wasser zu 100 cm^3. Nach einigem Stehen tritt Hydrolyse ein. Der entstandene orangegelbe Niederschlag wird nach 1 oder 2 Tagen abfiltriert und verworfen. Die filtrierte Lösung ist dann gebrauchsfertig.

7. Die Bleinatriumazetatlösung wird bereitet durch Lösen von 125 g kristallisiertem Bleiazetat und 500 g kristallisiertem Natriumazetat in Wasser zu 1000 cm^3.

8. Der Zusatz von Bleinatriumazetatlösung ist nicht unbedingt erforderlich, hat aber den Vorteil, daß der mit Schwefelwasserstoff erzeugte Niederschlag sich im allgemeinen sehr gut absetzt, während er ohne Bleizusatz manchmal kolloidal bleibt und dadurch Schwierigkeiten bei der Titration verursacht. Wenn der Schwefelwasserstoffniederschlag trotzdem nicht filtrierbar ist, so kann man sich meist durch Zusatz von 25—100% des Volumens der Flüssigkeit an Methanol helfen (E. JACOBSEN und G. FAULENBORG 1939, SABALITSCHKA 1943). Beim Ausblasen des Schwefelwasserstoffs muß man dann darauf achten, daß durch den Stickstoffstrom etwa mitgenommener Methylalkohol volumenmäßig durch Wasserzugabe ersetzt wird.

9. Alle Lösungen werden mit bidestilliertem Wasser hergestellt (zweite Destillation aus Glasgefäßen), weil schon minimale Spuren von Schwermetallen, wie sie im käuflichen destillierten Wasser enthalten zu sein pflegen, die Titration empfindlich stören können. Auch bei der Durchführung der Analysen selbst wird bidestilliertes Wasser verwendet.

10. Wie in der Vorschrift angegeben, titrieren wir im sauren Medium auf deutliche Rosafärbung. Um diese zu erzielen, sind in einer von AS freien Lösung 0,15 cm^3 n/1000-2,6-Dichlorphenolindophenol erforderlich. Infolgedessen ziehen wir von der jeweils abgelesenen Zahl der verbrauchten Kubikzentimeter Farbstofflösung 0,15 cm^3 als Anschlag ab und errechnen den Gehalt an AS bzw. VC aus dem Restbetrag.

11. Sind die Pflanzenextrakte gefärbt, so ist die Titration schwierig. Man kann sich dann oft helfen durch Verdünnen des Extraktes mit 2%iger Metaphosphorsäurelösung auf das 2—5fache des ursprünglichen Volumens. Bei starker Rotfärbung des Extraktes bedient man sich des Verfahrens von SIEBERT (s. GSTIRNER, S. 138). Sein Prinzip beruht darauf, daß überschüssiges 2,6-Dichlorphenolindophenol mit organischen Lösungsmitteln, speziell Nitrobenzol, ausgeschüttelt werden kann, während die Pflanzenfarbstoffe in der wäßrigen Lösung bleiben.

Nach der Behandlung mit Merkuriazetat und Schwefelwasserstoff sind die Lösungen fast immer farblos. Manchmal treten dann aber sog. ziehende Titrationen auf, so daß der Endpunkt der Titration nur schwer festzulegen ist. Die Titration wird dann als beendet angesehen, wenn die Rosafärbung $^1/_2$ Min. bestehen bleibt. Ziehende Titrationen deuten darauf hin, daß außer AS noch andere reduzierend wirkende Substanzen vorhanden sind.

12. Vor Zugabe des Merkuriazetats muß der Extrakt mittels Kalziumkarbonat auf ein p_H von mindestens 4, besser 4,5—5 umgepuffert werden, andernfalls bleibt die Reduktion der DAS durch den Schwefelwasserstoff in der angegebenen Zeit unvollständig (SABALITSCHKA 1943). Die Behandlung der Lösung mit Schwefelwasserstoff muß alsbald nach Zugabe des Merkuriazetats, spätestens nach 10 Min., geschehen, weil sonst ein Teil der DAS durch den Überschuß von Merkuriazetat irreversibel weiter oxydiert wird, so daß bei der Titration zu niedrigere Werte gefunden werden. Schon VAN EEKELEN und EMMERIE (1936) fanden bei Versuchen mit reiner AS,

daß die nach der Behandlung mit Merkuriazetat und Schwefelwasserstoff wiedergefundene Menge abhängig ist von der Zeit, die zwischen der Zugabe des Merkuriazetats und dem Beginn des Einleitens des Schwefelwasserstoffs liegt. Im allgemeinen betrug sie mindestens 94 %, bei längerer Zeitspanne aber weniger, so nach 20 Min. 93 %, nach 30 Min. 86 %, nach 60 Min. 81 %.

Zu Pflanzenextrakten zugesetzte reine AS haben wir nach Behandlung mit Merkuriazetat, Bleiazetat und Schwefelwasserstoff nach dem von uns ausgeübten Verfahren auch bei raschem Arbeiten nur zu 94—97 %, im Durchschnitt zu 95 % wiedergefunden. Infolgedessen multiplizieren wir die aus der Titration errechneten Ergebnisse mit 100/95 und geben die so korrigierten Werte als Gesamt-VC-Gehalt an.

13. Um gute Durchschnittswerte zu erhalten, empfiehlt es sich, jeweils mehrere, mindestens aber 2 Analysen des gleichen Materials auszuführen. Man kann auch eine größere Menge des gleichen Pflanzenmaterials zerkleinern, diese dann gut mischen und von der Mischung mehrere Proben untersuchen, läuft dabei aber Gefahr, daß während dieser Operationen, je nach dem Gehalt des Pflanzenmaterials an Oxydasen ein mehr oder minder beträchtlicher Anteil der AS bereits zu DAS oxydiert wird und sich dadurch der Bestimmung als AS entzieht, allerdings bei der Ermittlung des Gehaltes an Gesamt-VC wiedergefunden wird.

14. Es ist noch darauf hinzuweisen, daß selbst unter den einschränkenden Bedingungen der von uns benutzten Methode noch andere Substanzen als AS die Reduktion des Farbstoffes bewirken können. Durch die Anwendung der Metaphosphorsäure, die Einstellung auf ein bestimmtes p_H bei der Bestimmung der AS und des Gesamt-VC ist der Einfluß anderer etwa in Frage kommender, besonders organisch-chemischer reduzierend wirkender Stoffe weitgehend ausgeschaltet. Von anorganischen Stoffen kommt bei der Untersuchung frischen Pflanzenmaterials eigentlich nur Eisen als Störungsfaktor in Betracht. Soweit es als Ferri-Ion vorliegt, wie es in Pflanzen anscheinend zumeist der Fall ist, stört es die direkte Titration nicht. Als Ferro-Ion würde es einen erhöhten Gehalt an AS vortäuschen. Bei Anwendung des Merkuriazetatverfahrens für die Bestimmung des Gesamt-VC wird nach unseren Untersuchungen Eisen zum größten Teil beim Anneutralisieren der Lösung durch Zugabe von Kalziumkarbonat niedergeschlagen. Nach der Behandlung mit Merkuriazetat, Bleiazetat und Schwefelwasserstoff ist es bis auf Spuren entfernt, so daß das Analysenergebnis nicht mehr beeinflußt wird. Auch in diesem Fall erweist sich also die Bestimmung des Gesamt-VC als zuverlässiger als die der AS allein[1].

15. Bei strengem Einhalten der Versuchsbedingungen der von uns mitgeteilten Vorschrift erhält man schon für die direkt bestimmte AS ziemlich konstante Werte, die man daher als recht zuverlässig ansehen kann. Man muß sich aber hierbei darüber klar sein, daß man auch bei peinlichster Arbeitsweise einen gewissen Verlust an AS infolge Übergangs in DAS in Kauf nehmen muß, die Resultate also im allgemeinen untere Grenzwerte darstellen, soweit sich nicht etwa durch störende Substanzen zu hohe Werte ergeben.

Die Fehlergrenze der Titration selbst bleibt bei Verarbeitung von 5 g Pflanzenmaterial zu 100 cm^3 und Verwendung von 10 cm^3 Extrakt zur Titration unter normalen Verhältnissen unter 2 mg-% (entsprechend dem

[1] Nach Abschluß unserer Versuche ist uns die Veröffentlichung von G. WENDLAND: Eine Methode zur redoxanalytischen Bestimmung von AS und Ferroeisen in Gemischen [Die Pharmazie 2, 350 (1947)] bekannt geworden; die dort mitgeteilten Erfahrungen haben wir auch gemacht.

Verbrauch von 2 Tropfen = 0,1 cm^3 n/1000-Dichlorphenolindophenollösung). Sie vergrößert bzw. verringert sich im gleichen Verhältnis, wie von weniger bzw. mehr Pflanzenmaterial ausgegangen oder weniger bzw. mehr Extrakt zur Titration verwendet wird. Ist die Titration durch starke Färbung des Extraktes erschwert oder ist sie gar ziehend, so vergrößert sich die Unsicherheit der Titration. Die durch die Verschiedenheit des Pflanzenmaterials bedingte Toleranz glauben wir nach unseren Erfahrungen im allgemeinen mit weniger als 10% veranschlagen zu sollen, in manchen Fällen wird sie aber bis zu 20% betragen können.

Die Ergebnisse der Bestimmung des Gesamt-VC pflegen im allgemeinen recht gut übereinzustimmen, so daß man sie als zuverlässig ansehen kann. Immerhin darf man sich nicht verhehlen, daß bei der Titration tatsächlich nur das Reduktionsvermögen des Extraktes gegenüber 2,6-Dichlorphenolindophenol ermittelt wird. Wenn auch die Methode unter den ausgewählten Kautelen als weitgehend spezifisch anzusehen ist, so besteht zwar eine große Wahrscheinlichkeit, aber doch nie die absolute Sicherheit, daß die Reduktion des Farbstoffes ausschließlich auf den Gehalt der Lösung an AS zurückzuführen ist.

Aufarbeitung des Analysenmaterials.

Wie wir oben erwähnten, ist für die quantitative Extraktion des VC eine Zerkleinerung des Analysenmaterials angezeigt und bei größeren und derberen Blättern zwangsläufig notwendig. Durch das Zerschneiden der Blätter wird der Zutritt der Luft vermehrt, also die Oxydation der AS begünstigt. Wie aus Tabelle 1 ersichtlich ist, liegen die AS-Werte des feingeschnittenen Materials in der Regel erheblich unter den Werten des ungeschnittenen; ein mehr oder weniger großer Anteil der AS geht bei der Zerkleinerung in DAS über. Eine weitergehende Oxydation tritt dagegen offensichtlich nicht ein, da das Gesamt-VC bei dem feingeschnittenen und dem ungeschnittenen Material übereinstimmt. Wenn sich aus technischen Gründen ein Zerschneiden der Blätter nicht vermeiden läßt, sollte das zerschnittene Material so rasch als möglich mit Metaphosphorsäure aufgearbeitet werden, insofern überhaupt auf die AS-Bestimmung Wert gelegt wird.

Wie sich aus der Tabelle 1 entnehmen läßt, weisen die Blätter von *Sanicula europaea* und *Cirsium oleraceum* bei der Aufarbeitung mit 2%iger Metaphosphorsäure nur 1—4 mg-% AS auf, auch dann, wenn die Blätter ungeschnitten bleiben. Sollte in diesem Falle das VC fast restlos als DAS vorliegen, oder wird bei diesen Blättern, die vermutlich reich an Oxydasen sind, die Oxydation der AS durch die angewandte Menge Metaphosphorsäure nicht verhindert? Durch eine vergleichende Bestimmung mit verschiedenen Mengen Metaphosphorsäure und verschiedener Konzentration dieser Säure

Tabelle 1.

	Datum	Ungeschnitten FG mg-% AS	Ungeschnitten FG mg-% VC	Fein geschnitten FG mg-% AS	Fein geschnitten FG mg-% VC	
Aconitum Napellus . .	24. 5.	112	142	45	123	
		99				
Actaea spicata	24. 5.	4	208	4	202	
		60	218	12	200	
Caltha palastris	19. 5.	148	120	75	133	
		125	118	68	141	
Melilotus officinalis . .	16. 5.	290	335	253	333	
		311	373	259	353	
Conium maculatum . .	28. 5.	224	237	202	246	
		212	229	206	248	
Sanicula europaea . .	17. 5.	4	54	1	51	
		2	55	1	50	
Atropa belladonna . .	11. 6.	76	95	47	89	
		73	95	42	87	
Solanum lycopersicum .	4. 6.	71	87	54	86	
		73	88	43	84	
Solanum tuberosum . .	28. 5.	133	147	111	155	
		133	159	112	157	
Origanum vulgare . . .	18. 5.	54	114	14	102	
		43	103	31	102	
Menyanthes trifoliata .	23. 5.	102	187	55	186	
		98	167	63	190	
Plantago lanceolata . .	23. 5.	40	89	28	102	
		32	84	13	78	
Anacyclus officinarum .	19. 5.	54	73	23	68	
		54	70	23	71	
Calendula officinalis . .	19. 5.	30	36	21	48	
		36	43	21	42	
Cichorium Intybus . .	18. 5.	39	81	22	71	
		37	76	28	71	
Cirsium oleraceum . . .	22. 5.	2	32	2	39	
		1	36	1	39	
Lactuca sativa var. capitata	1. 6.	14	29	12	37	
		14	25	14	33	
Lactuca scariola . . .	25. 5.	61	92	55	94	
		67	85	53	97	
				67	101	$^1/_2$ Stunde nach dem Schneiden analysiert
				65	91	
				69	99	1 Stunde nach dem Schneiden analysiert
				33	92	
				71	89	$1^1/_2$ Std. nach dem Schneiden analysiert
				71	89	

Tabelle 1. (Fortsetzung.)

	Datum	Unge-schnitten FG mg-% AS	Unge-schnitten FG mg-% VC	Fein ge-schnitten FG mg-% AS	Fein ge-schnitten FG mg-% VC	
Lactuca virosa	26. 5.	81	100	48	113	
		84	111	50	115	
				42	116	½ Stunde nach dem Schneiden analysiert
				40	118	
				41	116	1 Stunde nach dem Schneiden analysiert
				34	120	
				45	115	1½ Std. nach dem Schneiden analysiert
				47	114	
Lampsana communis .	16. 5.	60	79	43	83	
		60	79	45	91	
Petasites officinalis	26. 5.	37	102	2	103	
		23	121	2	115	
Prenanthes purpurea .	18. 5.	5	16	1	10	
		3	9	1	11	
Senecio vulgaris . . .	17. 5.	6	53	3	55	
		48	64	45	59	
Sonchus oleraceus. . .	24. 5.	86	101	48	105	
		87	102	40	84	
Tanacetum vulgare . .	18. 5.	23	60	13	58	
		30	66	5	55	
Tussilago farfara . . .	17. 5.	24	52	3	57	
		24	48	5	53	
				12	56	¾ Stunde nach dem Schneiden analysiert
				3	47	
Urtica dioica	22. 5.	80	165	75	169	
		107	177	1	167	

konnte diese wichtige Frage beantwortet werden. Die Versuchsergebnisse sind in Tabelle 2 zusammengestellt und das Ergebnis ist eindeutig: Die AS-Werte nehmen bei Anwendung stärkerer Metaphosphorsäurekonzentration bzw. Metaphosphorsäuremenge zu; das übliche von uns angewandte Verfahren liefert bei *Sanicula* und *Cirsium* zu niedrige AS-Werte. Auch bei den Blättern von *Trifolium pratense, Parietaria officinalis* und *Licium halimifolium* ergaben sich höhere AS-Werte, wenn größere Mengen 5%iger Metaphosphorsäure beim Zerkleinern des Materials angewendet wurden, als wenn wir schwächere Säure nahmen (Tabelle 3).

Auf Grund der Versuchsergebnisse der Tabelle 1—3 können wir die grundlegende Frage, in welchem Verhältnis das VC als AS und DAS in den Blättern und anderen Pflanzenorganen vorliegt, aufwerfen und zugleich zu beantworten versuchen.

Tabelle 2.

	Datum		Blätter nicht geschnitten	
			FG mg-% AS	FG mg-% VC
Sanicula europaea . .	2. 11.	15 + 25 cm^3 2%iger HPO_3	2	88
			1	82
		desgl.	2	85
			2	77
		15 + 25 cm^3 5%iger HPO_3	28	68
			29	69
		15 + 25 cm^3 10%iger HPO_3	44	97
			36	78
		40 + 0 cm^3 10%iger HPO_3	48	85
			39	93
Cirsium oleraceum . .	22. 5.	15 + 25 cm^3 2%iger HPO_3	2	32
			1	36
	14. 11.	15 + 25 cm^3 5%iger HPO_3	22	39
			26	44
		40 + 0 cm^3 5%iger HPO_3	35	51
			26	47
		15 + 25 cm^3 10%iger HPO_3	29	49
			33	53

Da der ermittelte AS-Wert in so erheblichem Maße von der angewandten Methodik, im besonderen von der Menge und der Konzentration der Metaphosphorsäure abhängt, wird man den in vitro erfaßten AS-Gehalt nur mit Vorbehalt gleich dem in vivo vorhandenen gleichsetzen dürfen. Jeder bei der Aufarbeitung des Materials unvermeidliche Eingriff in das physiologische Gefüge der Zelle wird das Gleichgewichtssystem AS $\rightleftarrows$ DAS in der Richtung der DAS verschieben. Die Verschiebung wird um so ausgeprägter sein, je mehr Oxydasen in der Zelle vorhanden sind. Selbst bei Ausschluß des Luftsauerstoffes wird sich bei der Zertrümmerung der Zellen DAS bilden können. Bei dieser Sachlage dürfte es überhaupt nicht möglich sein, einen exakten, für das lebende Objekt gültigen Wert des Verhältnisses AS : DAS anzugeben. Es ist sehr wahrscheinlich, daß in der Pflanzenzelle auch wasserstoffübertragende Dehydrasen vorhanden sind, die unter Umständen DAS in AS überführen. In diesem Sinne ließe sich das Versuchsergebnis mit *Lactuca scariola* deuten. Aus der Tabelle 4 ergibt sich, daß der AS-Wert des feingeschnittenen Materials bei längerem Liegen an der Luft nicht weiter vermindert wird, sondern sogar auf den Anfangswert der ungeschnittenen Blätter zurückkommt. Die Blätter von *Lactuca virosa* verhalten sich wie diejenigen von

Tabelle 3.

	Datum		Blätter nicht geschnitten mg-% AS	Blätter nicht geschnitten mg-% VC	Blätter fein zerschnitten, sofort zerrieben mg-% AS	Blätter fein zerschnitten, sofort zerrieben mg-% VC	Blätter fein zerschnitten, $^1/_2$ Stunde gelagert mg-% AS	Blätter fein zerschnitten, $^1/_2$ Stunde gelagert mg-% VC
Trifolium pratense	13. 6.	2,5 + 37,5 cm^3 5%iger HPO_3	3	166				
			2	168				
		5 + 35 cm^3 5%iger HPO_3	2	177				
			2	172				
		10 + 30 cm^3 5%iger HPO_3	101	175	54	183	66	178
			109	177	62	185	60	176
		15 + 25 cm^3 5%iger HPO_3	120	190				
			112	190				
		2 Min. auf elektr. Heizplatte auf 40^0 erwärmt 10 + 30 cm^3 5%iger HPO_3	3	116				
			4	83				
Parietaria officinalis	14. 6.	5 + 35 cm^3 5%iger HPO_3	1	64				
			1	64				
		10 + 30 cm^3 5%iger HPO_3	18	66				
			10	64				
		20 + 20 cm^3 5%iger HPO_3	57	76				
			55	73				
		$1^1/_2$ Min. auf elektrischer Heizplatte erwärmt 15 + 35 cm^3 5%iger HPO_3	18	60				
			14	38				
Lycium halimifolium	14. 6.	5 + 35 cm^3 5%iger HPO_3	21	95				
			3	89				
		10 + 30 cm^3 5%iger HPO_3	43	99				
			48	100				
		15 + 25 cm^3 5%iger HPO_3	49	92				
			52	97				
		20 + 20 cm^3 5%iger HPO_3	57	103				
			55	97				
		30 + 10 cm^3 5%iger HPO_3	55	98				
			58	99				

Lactuca scariola. Eine zweite Analysenserie mit den Blättern dieser beiden *Lactuca*arten führte zu demselben Resultat. Die AS-Werte der geschnittenen, einige Zeit gelagerten Blätter zeigen einen Anstieg des AS-Gehaltes.

Wenn das Versuchsergebnis mit den Blättern von *Lactuca, scariola* und *Lactuca virosa* auch anders gedeutet werden könnte, etwa so, daß der Anstieg an AS durch andere sich bildende, reduzierende Substanzen vorgetäuscht würde, so bleibt doch die

Tabelle 4.

	Datum		mg-% AS	mg-% VC	
Lactuca scariola	2. 8.				Blätter analysiert:
			41	126	1 Std. nach dem Pflücken
			46	125	$1^1/_2$ Std. nach d. Pflücken
			54	112	2 Std. nach dem Pflücken
			57	111	$2^1/_2$ Std. nach d. Pflücken
			64	103	3 Std. nach dem Pflücken
					Geschnittene Blätter:
			58	88	über Nacht gelagert
			48	125	$3^1/_2$ Std. nach d. Pflücken geschnitten, sofort analysiert
			64	121	$^1/_2$ Std. später analysiert
Lactuca virosa	28. 9.	2 cm^3 5%iger HPO_3	3	75	
		5 cm^3 5%iger HPO_3	26	83	
		10 cm^3 5%iger HPO_3	40	73	
		20 cm^3 5%iger HPO_3	44	72	
					Blätter fein geschnitten:
		10 cm^3 5%iger HPO_3	18	79	sofort analysiert
		10 cm^3 5%iger HPO_3	27	79	$^1/_2$ Std. gelagert
		10 cm^3 5%iger HPO_3	32	75	1 Std. gelagert
		10 cm^3 5%iger HPO_3	37	76	$3^1/_4$ Std. gelagert

Tabelle 5.

	Datum	FG mg-% AS	rel. Werte	FG mg-% VC	rel. Werte	
Trifolium pratense	12. 6.	139	1,39	186	1,04	
		119	1,19	184	1,03	
		106	1,06	187	1,04	
		136	1,36	188	1,05	
		109	1,09	190	1,06	
		130	1,30	193	1,08	
		116	1,16	186	1,04	
		122	1,22	179	1	
		109	1,09	183	1,02	
		100	1	185	1,04	
Colocasia sp. . .	30. 11.	25	1,09	46	1,15	Spitze des Blattes
		27	1,17	44	1,10	Blattmitte links
		23	1	48	1,20	Blattmitte rechts
		23	1	40	1	Blattbasis rechts
		24	1,04	44	1,10	Blattbasis links

Tatsache bestehen, daß das in einem Extrakt ermittelte Verhältnis von AS : DAS nicht dem in dem lebenden Blattmaterial vorhandenen entsprechen muß. Es lassen sich nur Annäherungswerte der Verhältniszahl ermitteln. Die niedrigste Verhältniszahl VC/AS bzw. die höchste AS/DAS scheint die für das lebende Blatt am ehesten gültige zu sein. Und hier kann ganz allgemein gesagt werden, daß der Quotient VC/AS in der Regel nicht wesentlich höher als 1 ist; mit anderen Worten: Die DAS macht vom Gesamt-VC nur einen kleinen Prozentsatz aus. Wir neigen zu der Auffassung, daß Verhältniszahlen von 2 und größer durch die Methode bedingt sind. Aus diesem Grunde legten wir den von uns ermittelten AS-Bestimmungen keinen besonderen Wert bei und begnügten uns auch in der Regel damit, nur die VC-Werte mitzuteilen. Wie wir bereits oben erwähnten, genügen die stets unsicheren AS-Bestimmungen nicht; die Ermittlung des Gesamt-VC ist unbedingt notwendig.

In den Tabellen 11—22 haben wir zu niedere AS-Werte mit * markiert, die sich bei unseren Bestimmungen ergeben haben, wenn wir versuchsweise mit unzureichenden Mengen Metaphosphorsäure die Zerreibung des Analysenmaterials vornahmen (s. S. 11 ff.). Wir werden nicht fehlgehen, wenn wir annehmen, daß viele in der Literatur anzutreffende niedere AS-Werte darauf zurückzuführen sind, daß beim Zerreiben der Analysensubstanz zu wenig bzw. zu schwache Metaphosphorsäure angewendet worden ist.

Die Variabilität des AS- und VC-Gehaltes in gleichem Material.

Über den unterschiedlichen Gehalt an AS bzw. VC in gleichem Analysenmaterial sollten uns mehrere Serienversuche unterrichten. Mit diesen Bestimmungen konnte also in Erfahrung gebracht werden, wie groß die prozentuale Abweichung der Einzelbestimmungen ist, was für die Sicherheit der AS- bzw. VC-Gehalte von grundsätzlicher Bedeutung ist.

Von Blattfiedern von *Trifolium pratense*, die von Pflanzen ein- und desselben Standortes stammten, wurden 10 Einzelbestimmungen durchgeführt, die die in Tabelle 5 angeführten Resultate ergaben. Analysiert wurden nach dem oben geschilderten Verfahren jeweils 5 g frisches, ungeschnittenes Material. Während der maximale AS-Gehalt das 1,36-fache des minimalen betrug, ergab sich für den maximalen VC-Gehalt dagegen das 1,08-fache des minimalen.

Bei *Soja*-Blättern (s. S. 25) die uns unter gleichen Bedingungen gewachsene Pflanzen einer reinen Linie lieferten, konnten wir Abweichungen von etwa 20% beim AS- und etwa 10% beim VC-Gehalt feststellen (Bestimmung vom 19. 7.).

Von einem großen *Colocasia*-Blatt wurden 5 Einzelproben von je 5 g Frischgewicht, die von verschiedenen Stellen der Spreite stammten, analysiert. Wie die Tabelle 5 zeigt, tritt beim AS-Gehalt eine Abweichung von etwa 17%, beim VC-Gehalt eine solche von 20% auf.

Aus diesen Bestimmungen ergibt sich eindeutig, daß wir bei Einzelbestimmungen selbst von einheitlichem Material mit einer Toleranz bis zu 20% Abweichung rechnen müssen. Wenn das Analysenmaterial genotypisch oder phänotypisch bedingte Differenzen im VC-Gehalt besitzt, darf es nicht überraschen, wenn größere Differenzen bei den Einzelbestimmungen auftreten.

Zur Frage des Vorhandenseins von Askorbinogen.

Manche Autoren sprechen von drei verschiedenen Formen des Vitamins C, nämlich von Askorbinsäure, Dehydroaskorbinsäure und einer an Eiweiß gebundenen Form, dem Askorbinogen. Wir haben oben diskutiert, daß die Frage, wie groß der Anteil der DAS im Gesamtvitamin ist, sich aus methodischen Gründen nicht exakt beantworten läßt. Nicht minder schwierig ist, wie wir sehen werden, die Frage der Existenz des Askorbinogens zu entscheiden.

Soweit wir sehen können, haben REEDMAN und McHENRY (1938) sowie HOLTZ und REICHEL (1940) das Vorhandensein des Askorbinogens vertreten, weil sie bei der Aufarbeitung des Analysenmaterials mit verdünnter Salzsäure, die eine Hydrolyse des Askorbinogens bedingen soll, höhere AS-Werte erhielten als bei Nichtanwendung von HCl. VOGEL (1940) betrachtet ohne kritische Stellungnahme die Existenz des Askorbinogens als erwiesen: „Die gebundene Form ist bisher nicht rein dargestellt worden. Ihr Vorkommen gilt jedoch als gesichert." STEPP, KÜHNAU und SCHROEDER (1944) halten offensichtlich das Vorhandensein des Askorbinogens auch für erwiesen: „Die gebundene Form, die in der Pflanze bis zu 70% des vorhandenen C-Vitamins ausmachen kann, zeichnet sich durch seine Beständigkeit gegenüber Oxydantien aus." GSTIRNER (1941) macht sich dagegen die Kritik von VAN EEKELEN (1936) zu eigen. Wenn durch Kochen des pflanzlichen Materials höhere „Reduktionskraft" gefunden wurde, als bei Aufarbeitung bei Zimmertemperatur, so kann dies darauf beruhen, daß durch Erhitzung Askorbinsäureoxydasen inaktiviert werden, also beim Aufarbeiten durch Oxydation kein Verlust an AS erfolgt. MOLL und WIETERS (1937) weisen mit Recht darauf hin, daß beim Kochen auch andere reduzierende Stoffe auftreten können, die AS vortäuschen. WACHHOLDER und OKRENT (1940) betonen, daß bei der Aufarbeitung mit HPO_3 an Eiweiß gebundenes VC mitextrahiert wird. Es schien uns geboten, durch weitere Versuche zu prüfen, ob sich die Existenz des Askorbinogens beweisen läßt.

In vergleichenden Bestimmungen ermittelten wir die VC-Gehalte verschiedener Pflanzenorgane bei Behandlung mit und ohne HCl. Aus den in der Tabelle 6 zusammengestellten Untersuchungsergebnissen läßt sich eindeutig entnehmen, daß bei den von uns untersuchten Pflanzen die HCl-Einwirkung keine größeren VC-Mengen zeitigt. In Übereinstimmung mit VAN EEKELEN, WACHHOLDER und OKRENT können wir sagen, daß bei der Fällung der Eiweißkörper mit HPO_3 die AS bereits von Eiweißsubstanzen abgespalten wird, wenn diese überhaupt gebunden vorliegt, so daß bei einem

Tabelle 6.

	Datum		FG mg-% AS	FG mg-% VC
Trifolium pratense . . . junge Blattfiedern	22. 3.	übliche Aufarbeitung mit HPO_3	203	255
		mit 1%iger HCl in der Kälte behandelt	202	205
		mit 1%iger HCl gekocht	168	181
	29. 5.	übliche Aufarbeitung mit HPO_3	157	243
		mit 1%iger HCl nach REEDMAN und MCHENRY	162	205
	5. 6.	übliche Aufarbeitung mit HPO_3	33	194
		mit HPO_3	33	215
		mit 1%iger HCl	146	170
Medicago sativa . . . . Blattfiedern	2. 6.	übliche Aufarbeitung mit HPO_3	221	242
		mit 1%iger HCl	219	252
Soja hispida . . . . . . Blattfiedern	19. 1.	übliche Aufarbeitung mit HPO_3	63	101
		mit Trichloressigsäure	62	98
		mit 1%iger HCl	71	84
Apium graveolens . . . Blattfiedern	18. 9.	übliche Aufarbeitung mit HPO_3	65	86
		mit 1%iger HCl	59	79
	1. 10.	übliche Aufarbeitung	86	96
		mit 1%iger HCl sofort filtr. u. titriert	80	44
		mit 1%iger HCl 1 Stunde unter N_2 bei 15°	79	62

Tabelle 6. (Fortsetzung.)

	Datum		FG mg-% AS	FG mg-% VC
Blumenkohl, Infloreszenz	16. 1.	übliche Aufarbeitung		
		mit HPO_3	113	122
		mit 1%iger HCl	109	114
		mit 1%iger HCl	101	108
	17. 1.	übliche Aufarbeitung		
		mit HPO_3	82	94
		mit 1%iger HCl	86	88
		mit 1%iger HCl	90	91
		mit 1%iger HCl	80	87
		mit Trichloressigsäure	88	92
	11. 7.	übliche Aufarbeitung		
		mit HPO_3	86	92
		mit 1%iger HCl	86	9
		mit 1%iger HCl	73	34
	13. 9.	übliche Aufarbeitung		
		mit HPO_3	90	81
		mit 1%iger HCl	91	38
		mit 1%iger HCl	71	31
		übliche Aufarbeitung	100	113
		übliche Aufarbeitung	107	115
		mit 1%iger HCl	108	75
		mit 1%iger HCl	98	81
Kartoffelknolle	20. 12.	übliche Aufarbeitung		
		mit HPO_3	15	17
		mit 1%iger HCl	15	20
	10. 1.	übliche Aufarbeitung		
		mit HPO_3	7	13
		mit 1%iger HCl	8	10
		mit 1%iger HCl	10	15
	10. 1.	übliche Aufarbeitung		
		mit HPO_3	11	15
		Aufarbeitung mit Wasser	5	23

Vergleich der Aufarbeitung mit HCl und der Analyse mit HPO_3 keine Erhöhung des VC-Wertes erwartet werden kann.

Das Ergebnis, daß die VC-Extraktion des Materials mit HPO_3 vollständig ist und kein an Eiweiß gebundenes VC im Untersuchungsmaterial verbleibt, ist für unsere vergleichenden Bestimmungen maßgebend. Die Frage, ob in der Zelle VC an Eiweiß gebunden ist, soll damit nicht verneint werden. Wir haben uns nicht zur Aufgabe gemacht, dieses Problem einer Entscheidung zuzuführen: es ging uns vielmehr darum, die Extraktion des Vitamins C vollständig herbeizuführen, einerlei, ob ein an Eiweiß gebundenes VC vorliegt oder nicht.

Neuerdings vertreten SCHWARZE und GÜNTHER (1947) die Ansicht, daß in den Blättern mancher Pflanzen (z. B. *Taraxacum officinale, Ligustrum vulgare* und *Syringa vulgaris*) keine freie AS vorhanden sei, sondern nur gebundene, da die direkte AS-Bestimmung den Wert 0 ergab. Hierzu sei nur bemerkt, daß wir bei den genannten Pflanzen stets freie AS fanden. SCHWARZE und GÜNTHER halten es übrigens für wahrscheinlich, daß die Differenzen zwischen der Direkttitration im metaphosphorsauren oder trichloressigsauren Auszug und den H_2S-Reduktionswerten, die man als DAS bezeichnet, sich auf das Vorhandensein gebundener AS zurückführen ließe. Wir sind auf Grund der in Tabelle 2, 4 und 6 mitgeteilten Ergebnisse der Ansicht, daß sich die Hauptmenge an AS bei Verwendung genügender Mengen Metaphosphorsäure direkt erfassen läßt und diese nicht als Askorbinogen vorliegt.

Bemerkung zu der biologischen Bestimmungsmethode von Vitamin C.

Den biologischen Bestimmungsmethoden des VC-Gehaltes von Pflanzen wird eine größere Zuverlässigkeit zuerkannt als den chemischen, sei es, daß die biologische Bestimmung als therapeutischer oder als prophylaktischer Test am Versuchstier (Meerschweinchen) durchgeführt wird. So empfiehlt LUNDE (1940, S. 139) „bei allen neuen Produkten stets die Richtigkeit der Titration durch biologische Versuche zu kontrollieren". Wenn wir auch nicht bestreiten, daß bei der biologischen Prüfung nur die antiskorbutisch-wirkende Substanz, das Vitamin C, des dargebotenen Futters und nicht noch andere reduzierende Stoffe wie bei der Titration erfaßt werden, möchten wir doch auf eine Fehlerquelle der biologischen Methode hinweisen, die, soweit wir feststellen konnten, bisher unbeachtet blieb. Bei der biologischen Methode wird die Voraussetzung gemacht, daß die im Futter enthaltene VC-Menge das Tier quantitativ physiologisch verwertet. Wenn nun aber, wie es der Fall ist, ein Teil des VC-Gehaltes des Futters den Verdauungstraktus des Versuchstieres ungenutzt passiert und im Kot nachweisbar ist, so muß der biologisch ermittelte VC-Gehalt des Futters geringer sein als der titrimetrisch gefundene.

Wir fütterten Meerschweinchen, die 3 Tage vor Beginn des Versuches nur mit Kleie und Wasser ernährt worden waren, mit Grünkohl, der im Frischgewicht 143 mg-% VC und im Trockengewicht 686 mg-% VC enthielt, und fanden im Kot der Tiere die absoluten Werte der Tabelle 7.

Tabelle 7.

	FG mg-%		TG mg-%
	AS	VC	VC
Frischer Kot	34	35	
Älterer, 2 Tage alter Kot	6	19	70
Frischer Kot	22	21	
Frischer Kot	32	27	93
Etwas angetrockneter Kot	36	47	157
Mittelwert:		~ 30	~ 110

Im Mittel enthält der Kot ungefähr 21 % (Frischgewicht) bzw. 16 % (Trockengewicht) des VC-Gehaltes des Futters. Dieses Ergebnis ist nicht überraschend, findet sich doch im Kot pflanzenfressender Tiere auch eine erhebliche Menge von Chlorophyll und Karotinoiden des Futters (SEYBOLD und EGLE 1939). Wenn ein Teil des im Futter enthaltenen VC ungenutzt den Verdauungstraktus des Meerschweinchens passiert, sei es, daß die Pflanzenteile zum quantitativen Aufschluß nicht genügend zerkleinert sind, oder die VC-Resorption unvollständig ist, dann müssen die biologisch ermittelten VC-Gehalte niedriger sein als die titrimetrisch bestimmten. Bei dieser Sachlage können wir der Auffassung nicht beipflichten, daß die biologisch ermittelten VC-Werte zuverlässiger seien als die titrimetrischen, vor allem dann nicht, wenn bei diesen die nötigen Vorsichtsmaßnahmen eingehalten werden.

STEPP, KÜHNAU und SCHROEDER (1944) weisen in ihrem umfassenden Werk auf folgende Tatsachen hin, die unsere kritische Einstellung gegenüber der biologischen Bestimmungsmethode stützen: „Selbst unter normalen Bedingungen geht sehr wahrscheinlich ein Teil des peroral verabfolgten C-Vitamins verloren. Dafür spricht die Beobachtung, daß sich tierexperimentell parenteral verabreichte Askorbinsäure doppelt so antiskorbutisch erweist, als peroral gegebene" (S. 292). „Im Tagesstuhl fanden ABT und Mitarbeiter und ISHIBASHI Vitamin C-Mengen von 6—10 mg, die auch durch größere peroral verabreichte Askorbinsäuregaben nicht erhöht werden konnten" (S. 293).

Auf Grund dieser Angaben und unserer eigenen Versuche wird man der biologischen Bestimmungsmethode kaum noch den Vorzug geben und ihr gar eine größere Genauigkeit als der titrimetrischen zusprechen wollen. Damit sei die Formulierung von LUNDE (1940): „Es empfiehlt sich, bei allen Neuproduktionen stets die Richtigkeit der Titration durch biologische Versuche zu kontrollieren", nicht abgelehnt. Wenn titrimetrisch ermittelte VC-Gehalte durch den biologischen Test gesichert werden können, ist dies zweifellos von erheblichem Wert.

Zur Frage der zeitlichen VC-Schwankungen.

Von verschiedenen Forschern wird eine Tag- und Nachtperiodizität sowie eine jahreszeitliche im VC-Gehalt der Blätter angegeben. So fand HENKE (1936) bei *Betula verrucosa* beträchtliche Schwankungen im AS-Gehalt im Laufe der Vegetationsperiode, die von den wechselnden Witterungsverhältnissen abhängig zu sein schienen. Der maximale Wert (am 28. 5.) verhält sich zum minimalen (am 27. 8.) wie 2,35:1. Eine eindeutige Abhängigkeit von der Temperatur, Bestrahlung und Luftfeuchtigkeit läßt sich aber aus der von HENKE mitgeteilten Zahlenreihe nicht ablesen.

Bei den Blättern von *Fagus silvatica* und den Nadeln von *Taxus baccata* ermittelte MOLDTMANN (1939/40) Schwankungen im AS-Gehalt, die einsereits von dem Entwicklungszustand der Blätter, andererseits von Witterungsfaktoren abhängig sein sollen. Bei ausgewachsenen Blättern der Buche traten Schwankungen im Verhältnis 1:2,7 im AS-Gehalt auf, bei Eibennadeln solche von etwa 1:1,5. Erheblich größere Abweichungen gaben KUHN und SCHÄFER (1939) für die Blätter von *Salix purpurea* (1:6,4), *Salix daphnoides* (1:4,7), *Betula alba* (1:4,9), *Iris germanica* (1:3), *Iris florentina* (1:2,9) und *Iris versicolor* (1:10,6) an, während sie bei *Gladiolus sp.* nur das Verhältnis 1:1,3 fanden. Bei verschiedenen Koniferennadeln ermittelte BUKATSCH (1943) Schwankungen im Verhältnis etwa 1:2.

Daß Blätter im Laufe ihrer Entwicklung einen verschiedenen VC-Gehalt aufweisen, nimmt nicht wunder, ebensowenig wie eine Abhängigkeit des VC-Gehaltes von den Umweltsbedingungen. Es fragt sich nur, welche Faktoren den VC-Gehalt beeinflussen und wie groß die induzierten Schwankungen sind. Wenden wir uns zunächst den Tagesschwankungen zu.

MOLDTMANN (1939/40) verfolgte die Tag- und Nachtperiodizität vom AS-Gehalt in den Blättern von *Fagus silvatica* und *Lamium album*. Er fand, daß die Maxima der AS-Gehalte in die Mittags- oder Nachmittagsstunden, die Minima in die Nachtstunden fallen. Die Extremwerte verhalten sich bei *Fagus* wie 1,8:1, bei *Lamium* wie 1,6:1. „Naheliegend ist die Annahme, daß infolge zunehmender Intensität des Sonnenlichtes und der damit verbundenen Assimilationssteigerung im Laufe des Tages auch die Bildung der AS gefördert wird, und daß sie dann bei Nachlassen der Lichtintensität gegen Abend hin wieder abnimmt." Bukatsch (1943) ermittelte den AS-Gehalt von Koniferennadeln um 7, 14 und 19 Uhr. Die größte Abweichung von etwa 50% fand er bei *Abies grandis* und *Picea excelsa*, während sich bei der Mehrzahl der anderen Arten nur Abweichungen von 10—30% ergaben.

Selbst unter der Voraussetzung — die uns nicht erfüllt zu sein scheint —, daß die Bestimmungsmethoden der zitierten Autoren einwandfreie Zahlen lieferten, scheint uns das Ergebnis, daß eine durch die wechselnden Strahlungsbedingungen induzierte Tagesperiodizität vorhanden ist, nicht gesichert. Wir haben einige prinzipielle Bedenken. Wie groß war der mittlere Fehler der Bestimmung des vorliegenden Analysenmaterials? Soweit wir sehen können, ist die Fehlergrenze in keinem Fall ermittelt worden. Die großen Abweichungen, die Kuhn und Schäfer angeben, scheinen uns auf fehlerhaften Bestimmungen zu beruhen; die geringeren Differenzen, die die anderen Autoren mitteilen, werden — mindestens teilweise — durch die Variabilität des Analysenmaterials bedingt sein. Wir bestreiten keineswegs, daß der VC-Gehalt der Blätter durch Umweltfaktoren beeinflußt werden könnte (hierfür ergibt die vorliegende Arbeit selbst genügend Beispiele!). Es erscheint uns aber nicht angängig, die Abweichungen der Einzelbestimmungen, die durch die Variabilität des Analysenmaterials und die mehr oder weniger große Ungenauigkeit der Methoden bedingt sind, als von Umweltfaktoren induzierte periodische Schwankungen anzusehen.

Zur Klärung der Frage, wie sich die wechselnden Witterungsbedingungen und die tägliche Hell-Dunkel-Periodizität auf den VC-Gehalt der Blätter auswirken, haben wir selbst einige Versuche angestellt. Wir ermittelten den VC-Gehalt von im Freien wachsenden *Soja hispida*-Pflanzen im Laufe einer Vegetationsperiode. Die Tabelle 8 enthält die Analysendaten. Trotzdem die Blätter von Pflanzen einer reinen Linie stammten, die unter gleichen Bedingungen wuchsen, treten gewisse Differenzen im VC-Gehalt auf. Am 19. Juli sind 4 verschiedene Proben zugleich analysiert worden. Der maximale Wert beträgt 220, der minimale 185 mg-% VC im FG. Mit einer Abweichung der Einzelwerte von rund 20% muß also von vornherein gerechnet werden. Da der Wassergehalt der

Tabelle 8. Soja hispida, Laubblätter.

Datum		FG mg-% VC	TG mg-% VC	TG%
6. 7.	kühl, teils sonnig, teils bewölkt	157	779	20,1
10. 7.	kühl, teils sonnig, teils bewölkt	159	841	18,9
12. 7.	kühl, regnerisch	196	1150	17,0
13. 7.	kühl, meist trübe	165	837	20,3
14. 7.	klar, warm vormittags	220	1022	21,1
14. 7.	klar, warm nachmittags	234	1088	21,7
19. 7.	klar, heiß	220	940	23,5
19. 7.	,,	185		
19. 7.	,,	196	905	21,7
19. 7.	,,	191	921	20,7
20. 7.	,,	220	963	22,9
21. 7.	,,	207	864	24,0
27. 7.	regnerisch	203	629	32,3
12. 9.	klar, kühl	203	812	25,1
15. 9.	klar, mäßig warm	242	1110	21,8
18. 9.	klar, mäßig warm	210	829	25,3
25. 9.	kühl, trübe, Regen,	243	813	30,0
28. 9.	kühl, Regen	189	904	21,0
30. 9.	kühl, trübe	202	777	26,0
2. 10.	trübe, kühl, hellere Blätter	212	828	24,7
2. 10.	trübe, kühl, dunklere Blätter	184	706	26,0
3. 10.	kalt, klar	182	631	29,0
7. 10.	warm, klar	182	558	32,6
12. 10.	warm, trübe	227	568	40,0
17. 10.	warm, trübe, zeitweilig Regen	201	617	32,5
18. 10.	warm, trübe, zeitweilig Regen	233	615	37,9

Blätter auch solche und noch größere Unterschiede aufweist, ist es nicht überraschend, wenn im VC-Gehalt des frischen Materials gewisse Unterschiede auftreten.

Moldtmann hat bei Blättern von *Lamium album* die Wassergehaltsschwankungen mit 1% angegeben und hält es für unwahrscheinlich, daß die Differenzen im AS-Gehalt durch wechselnden Wassergehalt bedingt seien. Im allgemeinen werden aber die Differenzen im Wassergehalt der Blätter bei Tag und Nacht erheblich größer sein als 1%. Die ökologische Literatur (z. B. Stocker 1929) enthält zahlreiche Angaben über die Schwankungen des Wasserdefizits von Blättern, die 20% und mehr betragen. Die TG-Werte der Sojablätter (Tabelle 8) weisen jedenfalls beträchtliche Differenzen auf. Wenn auch nicht in allen Fällen einer Abnahme des Wassergehaltes der Blätter eine Zunahme ihres VC-Gehaltes entspricht, so muß doch im Auge behalten werden, daß eine Periodizität des Wassergehaltes eine Periodizität des VC-Gehaltes nach sich zieht, wenn die Bezugnahme auf das inkonstante FG erfolgt. Ob die Schwankung des VC-Gehaltes von der wechselnden Intensität der Photosynthese abhängt, ist noch eine andere Frage.

Tabelle 9. Soja hispida, Laubblätter.

	FG mg-% VC	TG mg-% VC	TG %
Ausgangsmaterial	210	829	25,3
Nach 3 Tagen hell	219	981	22,4
„ 5 „ „	189	933	20,2
„ 7 „ „	202	832	24,3
„ 9 „ „	163	777	20,9
Nach 3 Tagen dunkel	202	894	22,7
„ 5 „ „	186	840	22,1
„ 7 „ „	158	680	23,2
„ 8 „ „	127	528	24,1
„ 9 „ „	92	391	23,4

Eine größere Anzahl von abgeschnittenen Sojasprossen stellten wir in Wasser und verbrachten einen Teil hiervon in ein Dunkelzimmer, den anderen in ein Gewächshaus. Wie die Tabelle 9 zeigt, nimmt der VC-Gehalt bei den Blättern der Dunkelpflanzen erst nach mehr als 5 × 24 Stunden merklich ab, während er bei den belichteten Blättern gegenüber dem Anfangswert annähernd konstant blieb. Erst nach 9 Tagen ist auch hier ein Abfallen an VC feststellbar. Aus diesen Versuchen geht eindeutig hervor, daß selbst ein längerer Lichtentzug keine Senkung des VC-Gehaltes verursacht.

Ein weiterer Versuch zur Klärung des Lichteinflusses wurde folgendermaßen angestellt: Mittels schwarzen Papiers und Büroklammern verdunkelten wir eine größere Anzahl von *Syringa vulgaris*-Blättern derart, daß die eine Blatthälfte bedeckt war und die andere freiblieb. Die Blätter sind von dem Strauche nicht getrennt worden. Nach 3 Tagen wurden die belichteten und verdunkelten Blatthälften getrennt auf den VC-Gehalt geprüft. Es ergaben sich die folgenden Werte:

Datum		mg-% VC im FG	mg-% VC im TG	TG %
1. 6.	belichtete Blatthälften	167	534	31,3
	verdunkelte Blatthälften	179	642	27,9
7. 6.	belichtete Blatthälften	159	521	30,4
	verdunkelte Blatthälften	187	630	29,7

Daß die Jodstärkeprobe nur bei den belichteten Blatthälften positiv ausfiel, sei nebenbei erwähnt. Auch dieser Versuch zeigt eindeutig, daß die Verdunkelung keine Verminderung des VC-Gehaltes bedingt. Die geringe Erhöhung bei den verdunkelten Blättern fällt innerhalb der Fehlergrenze. Freilich könnte auch hier der Einwand gemacht werden, daß in die verdunkelte Blatthälfte von der belichteten VC einströmt, so daß der oben geschilderte Versuch mit den Sojablättern beweiskräftiger erscheint.

Moldtmann (1939/40) hat bei partial verdunkelten Blättern von *Ricinus communis* in dem verdunkelten Spreitenteil nur etwa die Hälfte an AS gegenüber den belichteten Teilen gefunden. Da die von Moldtmann angewandte Methode der AS-Bestimmung aber nicht zuverlässig ist, kann diesem Befund keine Beweiskraft zukommen.

Die Tagesperiodizität des VC-Gehaltes von Blättern scheint uns nicht erwiesen. Wenn eine solche überhaupt vorhanden ist, dann hat sie jedenfalls in der Regel solche geringe Ausmaße, daß sie schwer erfaßt werden kann.

Wie wir später sehen werden, ist hingegen der VC-Gehalt in starkem Maße vom Lichtfeld der Blätter abhängig. Sonnenblätter haben meist beträchtlich höhere VC-Gehalte als Schattenblätter ein und derselben Pflanze oder gut vergleichbarer Individuen (s. S. 77). Wir möchten den geringeren VC-Gehalt der Schattenblätter nicht unmittelbar als Wirkung eines verminderten Lichtgenusses werten, sondern diesen vielmehr mit der verringerten allgemeinen physiologischen Leistung des Schattenblattes in Zusammenhang bringen. Wir werden später auf diese Frage zurückkommen (s. S. 126) und hier nur darauf hinweisen, daß das Ergebnis, daß Sonnenblätter höhere VC-Gehalte als Schattenblätter aufweisen, nicht als Argument für eine funktionale Abhängigkeit des VC-Gehaltes von der Lichteinstrahlung gewertet werden darf.

Die oben aufgeworfene Frage, ob der VC-Gehalt der Blätter während eines Tages stärkere Schwankungen zeigt, kann verneint werden. Die Höhe des spezifischen VC-Spiegels wird durch den schwankenden Wassergehalt nicht wesentlich geändert, so daß es für die Bestimmung des VC-Gehaltes belanglos ist, zu welcher Tageszeit das Analysenmaterial eingesammelt wird.

Anders ist dagegen die jahreszeitliche Periodizität des VC-Gehaltes zu werten. Jugendliche, eben entfaltete Blätter weisen gegenüber alten Blättern andere VC-Werte auf (s. Tab. 28) und in absterbenden Blättern ist der VC-Schwund unverkennbar (s. S. 78). Aus diesem Grunde sind bei der statistischen Aufnahme des VC-Spiegels der Pflanzen von uns nur ausgewachsene Blätter, die noch keine Absterbeerscheinungen zeigten, zur Analyse verwendet worden.

Ob eine wirkliche Periodizität des VC-Gehaltes in den Blättern vorhanden ist, bedarf noch einer besonderen Untersuchung. Henkes (1936) Bestimmungen des AS-Gehaltes von Buchenblättern, die wir oben (s. S. 23) erwähnten, sind methodisch unzulänglich und gegen die Arbeit von Sabalitschka und Kleffner (1946) müssen wir auch einige Bedenken erheben. In dieser Abhandlung wird der veränderliche VC-Gehalt von Fichten- und Kiefernnadeln mitgeteilt. Wir haben keinen Grund, die Zuverlässigkeit der von Sabalitschka und Kleffner angewandten Methode zu bezweifeln, halten aber die Zahl der an den einzelnen Tagen durchgeführten Bestimmungen für zu gering, um die jahreszeitlichen Schwankungen des VC-Gehaltes als gesichert ansehen zu können. Wenn Sabalitschka und Kleffner beispielshalber bei Kiefernnadeln vom Januar bis Dezember Werte um 200 mg-% mit 20% Abweichung finden, und nur einige Werte höher (z. B. 267 und 287) und einige tiefer (118) liegen, so müßten Maxima und Minima der VC-Gehalte durch mehrere Bestimmungen an einem oder innerhalb weniger Tage gesichert werden. Da dies nicht geschehen ist, so bleibt der Einwand, daß die Schwankungen schon durch Verschiedenheit des Analysenmaterials bedingt sein können, berechtigt. Einen periodisch-jahreszeitlichen Verlauf des VC-Gehaltes kann man nicht mit einem Dutzend Einzelbestimmungen herausschälen, wenn die Variabilität des Analysenmaterials schon erheblich ist. Die gegen die Arbeit von Sabalitschka und Kleffner vorgebrachten Bedenken müssen wir auch gegen alle anderen uns bekannten Mitteilungen, die eine Jahresperiodizität des VC-Gehaltes erheblichen Ausmaßes präjudizieren, geltend machen.

Eigene Untersuchungen, die in unserem Institut in den Jahren 1946—1948 ausgeführt wurden, sollten uns ein Bild von der Größe der jahreszeitlichen VC-Schwankungen perennierender Blätter geben. Heid (1948) wird ausführlicher über diese Messungen berichten. Hier seien nur die wichtigsten Resultate von *Picea excelsa* und *Pinus silvestris* (Tabelle 10) mitgeteilt.

Tabelle 10.

West		Süd		Ost		Nord	
Datum	FG mg-% VC	Datum	FG mg-% VC	Datum	FG mg-% VC	Datum	FG mg-% VC
Picea excelsa, 1946 entfaltete Nadeln							
26.11.46	210	3.12.46	218	10.12.46	204	17.12.46	› 146
8.1.47	203	11.2.47	275	24.2.47	268	10.3.47	307
24.3.47	315	31.3.47	303	8.4.47	289	14.4.47	274
21.4.47	253	28.4.47	204	5.5.47	182	12.5.47	150
19.5.47	182	27.5.47	200	4.6.47	192	10.6.47	160
16.6.47	199	24.6.47	192	1.7.47	220	7.7.47	184
14.7.47	198	25.7.47	211	28.7.47	198	25.8.47	173
1.9.47	184	15.9.47	225	22.9.47	199	29.9.47	173
6.10.47	194	20.10.47	203	3.11.47	179	17.11.47	167
24.11.47	197	1.12.47	176	8.12.47	231	15.12.47	174
12.1.48	244	19.1.48	254	26.1.48	212	2.2.48	203
9.2.48	202	17.2.48	235	24.2.48	215	1.3.48	211
9.3.48	277	16.3.48	295	22.3.48	243	30.3.48	228
5.4.48	277	12.4.48	276	19.4.48	226	26.4.48	188
3.5.48	232	10.5.48	196	19.5.48	158	24.5.48	174
31.5.48	206	7.6.48	225	14.6.48	248	22.6.48	181
29.6.48	208	6.7.48	198				
Pinus silvestris, 1946 entfaltete Nadeln							
26.11.46	227	3.12.46	204	10.12.46	232	17.12.46	200
8.1.47	276	11.2.47	283	24.2.47	296	10.3.47	315
24.3.47	308	31.3.47	307	8.4.47	256	14.4.47	221
21.4.47	238	28.4.47	192	5.5.47	206	12.5.47	190
19.5.47	187	27.5.47	194	4.6.47	179	10.6.47	153
16.6.47	219	24.6.47	202	1.7.47	171	7.7.47	181
14.7.47	235	25.7.47	131	28.7.47	166	25.8.47	154
1.9.47	150	15.9.47	194	22.9.47	190	29.9.47	162
6.10.47	202	20.10.47	196	3.11.47	201	17.11.47	216
24.11.47	265	1.12.47	243	8.12.47	279	15.12.47	245
12.1.48	349	19.1.48	297	26.1.48	335	2.2.48	261
9.2.48	333	17.2.48	295	24.2.48	310	1.3.48	282
9.3.48	357	16.3.48	337	22.3.48	362	30.3.48	260
5.4.48	289	12.4.48	312	19.4.48	341	3.5.48	243
3.5.48	286	10.5.48	241	19.5.48	265	24.5.48	235
31.5.48	224	7.6.48	288	14.6.48	263	22.6.48	238
29.6.48	277	6.7.48	321	6.7.48	321		

In Übereinstimmung mit SABALITSCHKA und KLEFFNER (1946) ergab sich, daß das Maximum des VC-Gehaltes (bezogen auf FG; bei Bezugnahme auf das TG ergibt sich im wesentlichen dasselbe) im zeitigen Frühjahr, das Minimum im Herbst auftritt. Nicht übereinstimmend sind hingegen unsere Befunde mit denen von SABALITSCHKA und KLEFFNER in 3 Punkten.

1. Gemäß unseren Bestimmungen ist der VC-Gehalt der *Picea*-Nadeln wesentlich höher, als die genannten Forscher angaben; nach ihnen ist der höchste Wert 177, nach unseren Bestimmungen 315 mg-%.

2. Während SABALITSCHKA und KLEFFNER das Minimum mit 44 mg-% ermittelten, ergab sich aus unseren Bestimmungen der Minimalwert 150 mg-% VC. Diese Diskrepanz kann man entweder auf die Verschiedenheit des Materials zurückführen oder auf den Umstand, daß SABALITSCHKA und KLEFFNER die Bestimmung der DAS unterließen und daher ein mehr oder weniger großer Betrag von VC nicht erfaßt worden ist. Diese Frage muß offengelassen werden. Nur so viel können wir sagen, daß bei unserer Bestimmungsmethode bei *Picea*-Nadeln das Verhältnis AS : VC im Extremfall 1 : 1,53, im Mittel etwa 1 : 1,20 war.

3. Das Verhältnis des Minimalwertes : Maximalwert erwies sich in unseren Bestimmungen als weniger groß, als sich aus den Angaben von SABALITSCHKA und KLEFFNER entnehmen läßt. Sie fanden die Verhältniszahl 1 : 3,6 (1jährige Nadeln), 1 : 4,0 (2jährige Nadeln) und 1 : 3,3 (3jährige Nadeln), während wir bei unseren Bestimmungen ein Zahlenverhältnis 1 : 2,0 und weniger erhielten. Mit anderen Worten, die VC-Schwankungen sind bei *Picea* nicht so groß, wie SABALITSCHKA und KLEFFNER angeben. Die Übereinstimmung der Ergebnisse von SABALITSCHKA und KLEFFNER und unseren Bestimmungen ist bei den Nadeln von *Pinus silvestris* gut, vor allem besteht auch eine Übereinstimmung in der Verhältniszahl vom Minimal- zum Maximalgehalt. SABALITSCHKA und KLEFFNER fanden auch Verhältniszahlen, die wenig über 1 : 2 liegen.

Aus den Werten der Tabelle 10 läßt sich noch ein weiteres, für unsere Untersuchungen wichtiges Ergebnis ableiten: Trotz der extrem verschiedenen Witterungsverhältnisse der beiden Winter 1946/47 (lange, starke Frostperioden) und 1947/48 (lange Regenperioden und mild) sind die VC-Werte praktisch identisch. Offensichtlich haben die Witterungsverhältnisse keinen erheblichen Einfluß auf die Höhe des VC-Spiegels. Dieser scheint in erster Linie von inneren Faktoren bestimmt zu werden.

Bei den Nadeln von *Taxus baccata* (s. S. 79) und den perennierenden Blättern von *Prunus laurocerasus* sind auch die jährlichen VC-Schwankungen nicht größer, als wir sie bei den Nadeln von *Picea* und *Pinus* gefunden haben.

Zusammenfassend können wir also sagen, daß jahreszeitliche Schwankungen auftreten, diese aber nicht so groß sind, daß die Ergebnisse der folgenden Bestimmungen dadurch wesentlich beeinträchtigt werden (vgl. auch Ergebnisse der Tabellen 28 u. 29).

Untersuchungen über den VC-Gehalt in Blättern verschiedener Pflanzenfamilien.

Systematische Untersuchungen des VC-Gehaltes sind für die Frage der Funktion dieses Vitamins im Stoffwechsel der Pflanze so notwendig wie die Ermittlung der VC-Menge in einzelnen Organen einer bestimmten Art und so wichtig wie vergleichende Bestimmungen der VC-Konzentration in Blättern, Wurzeln usw. Die Kenntnis der Höhe des „VC-Spiegels einer Familie" erscheint uns sogar für die meisten speziellen Fragestellungen eine notwendige Voraussetzung. Aus diesem Grunde stellen wir die Ergebnisse unserer systematischen Bestimmungen den anderen voran.

Manche Forscher gewannen auf der Suche nach besonders VC-reichen Pflanzen bereits ein mehr oder weniger umfangreiches systematisch verwertbares Zahlenmaterial, das aber bedauerlicherweise infolge methodischer Unzulänglichkeiten wenig zuverlässig und sehr lückenhaft ist. Das von Löhner und anderen Forschern ermittelte und von Hörmann unter praktischen Gesichtspunkten geordnete Zahlenmaterial läßt die den einzelnen Pflanzenfamilien charakteristische VC-Bildung nicht klar in Erscheinung treten, weil sich Löhner und die meisten anderen Autoren mit der Bestimmung der AS begnügten. Viele als AS-arm angegebene Arten sind reich an VC, so daß das wahre Bild stark verzerrt ist. Um die für einzelne Familien, Reihen oder andere systematische Einheiten vermuteten charakteristischen VC-Gehalte angeben zu können, waren wir genötigt, das erforderliche Zahlenmaterial selbst zu gewinnen. Diese umfangreiche Arbeit konnten wir nur in Angriff nehmen, wenn wir uns auf gewisse Familien beschränkten. Es schien uns geboten, zunächst einige artenreiche Familien eingehender zu untersuchen, und zwar solche unserer heimischen Flora. Gelegentlich sind auch in Kultur befindliche fremdländische Arten der Vollständigkeit halber herangezogen worden. Von Familien, die nur wenig einheimische Arten aufweisen, konnte der gültige VC-Spiegel nicht ermittelt werden. Einzelfälle möchten wir nicht einmal als ausreichende Stichproben gelten lassen.

Bukatsch (1943) konnte auf Grund seiner zahlreichen AS-Bestimmungen von Laub- und Blumenblättern von Liliaceen, Amaryllidaceen und Iridaceen die beachtliche Aussage machen, daß die zuletzt genannte Familie in der Regel höhere AS-Gehalte in den Laub- und Blumenblättern aufweist als die beiden anderen. Obwohl Bukatsch auch nur die AS und nicht das Gesamt-VC ermittelt hat, sind seine Werte im großen und ganzen richtig, da die Blätter der Liliifloren oxydasearm sind.

Dem VC-Spiegel der Familie kommt vielleicht „im phytochemischen Sinne Molischs eine Bedeutung als Verwandtschaftsmerkmal (Bukatsch)" zu. Ehe sich diese Frage diskutieren läßt, sind noch viel mehr Analysendaten erforderlich, als wir selbst bisher gewinnen konnten. Zunächst scheint es uns notwendig, zuverlässige Daten zu zeitigen und spekulative Erörterungen zurückzustellen.

Die statistische Auswertung eines Zahlenmaterials, dem durch die Wahl der Analysensubstanzen eine Reihe von Zufälligkeiten anhaftet, macht es notwendig, ein Einteilungsverfahren anzuwenden, um die Gesetzmäßigkeiten der Verteilung des VC-Gehaltes bzw. der charakteristischen Höhe des VC-Spiegels einer Familie oder anderen systematischen Einheit überhaupt erkennen zu können. Die Bildung von Mittelwerten scheint uns sehr ungeeignet. So willkürlich die Gruppeneinteilung der AS- bzw. VC-Gehalte auch ist, so zweckmäßig erweist sich die Handhabung unseres Einteilungsverfahrens.

Die AS- und VC-Gehalte sind nach einer ansteigenden geometrischen Reihe (a, aq, aq^2, aq^3 . . .; a = 25 bzw. 125, q = 2) für die Maximalzahlen des Frisch- bzw. Trockengewichtes in den einzelnen Gruppen festgelegt und folgendermaßen bezeichnet worden:

Gruppe	FG mg-%	TG mg-%	
I	0— 25	0— 125	besonders wenig
II	26— 50	126— 250	sehr wenig
III	51—100	251— 500	wenig
IV	101—200	501—1000	mittel
V	201—400	1001—2000	viel
VI	401—800	2001—4000	sehr viel
VII	mehr als 800	mehr als 4000	besonders viel

Man kann über die Berechtigung der von uns gewählten Gruppeneinteilung und vor allem ihre Benennungen streiten und z. B. den VC-Gehalt von 101—200 mg-% im Frischgewicht nicht als mittelmäßig, sondern als hoch ansehen, wie es in der Literatur vielfach geschieht. Aber es läßt sich wohl kein Argument beibringen, daß unsere Einteilung ungeeignet oder gar unzulässig sei. Bei der Auswertung des Zahlenmaterials nach unserem Einteilungsverfahren erweist es sich als zweckmäßig, den Gehalt von

101—200 mg-% im Frischgewicht als mittel zu bezeichnen, da er am häufigsten auftritt. Diese Bezeichnung erscheint also im wahrsten Sinne des Wortes berechtigt. Erweist sich unsere Gruppeneinteilung als brauchbar, so ist sie zulässig; wenn sie durch eine bessere ersetzt werden kann, so wäre diese anzuwenden. Da sich unser Einteilungsverfahren, wie wir im folgenden sehen werden, bewährt, haben wir von anderen möglichen Gruppeneinteilungen abgesehen.

Von vielen Arten ist der AS- und VC-Gehalt zu verschiedenen Jahreszeiten oder von verschiedenen Standorten ermittelt worden. Da jede Einzelbestimmung in unserer statistischen Auswertung berücksichtigt ist, beziehen sich die ermittelten Prozentzahlen nicht auf die Artenzahl, sondern auf die Anzahl der durchgeführten AS- bzw. VC-Bestimmungen. Der VC-Gehalt eines Blattes kann in manchen Fällen nicht nur der ermittelte sein, sondern auch je nach Standort, Variabilität usw. der nächsthöheren oder -niederen Gruppe angehören. Trotzdem erschien es uns berechtigt, als statistische Einheit die Einzelanalyse zur Charakterisierung des VC-Spiegels der Familien zu verwerten.

Ranunculaceen. In der Tabelle 11 sind die Analysenresultate der Blätter von 26 Arten der Ranunculaceen zusammengestellt. Da die Blätter mancher Arten reich an Oxydasen sind, liegen die AS-Werte oft sehr niedrig und sind somit die Quotienten VC/AS sehr hoch. Zu welchen Fehlschlüssen die alleinige Bestimmung der AS führen muß, zeigt der Vergleich des VC- und AS-Gehaltes der Blätter von *Aconitum napellus, Anemone nemorosa, Caltha palustris* und *Ficaria verna*. Während nach LÖHNER, MADAUS und MOLDTMANN die eine oder die andere der genannten Arten als VC-arm gelten müßte, zeichnen sie sich, wie alle Ranunculaceen, durch viel oder mindestens mittelmäßig viel VC aus. Gemäß unserer Gruppeneinteilung verteilen sich die untersuchten Blätter folgendermaßen:

Gr.	II	III	IV	V	VI	
			Frischgewicht.			
	0	1	42	30	4	= 77 Analysen
		1 %	55 %	39 %	5 %	= 100 %
			Trockengewicht.			
	0	9	30	31	2	= 72 Analysen
		12 %	42 %	43 %	3 %	= 100 %

Tabelle 11. (Ranunculaceae.)

	Datum		FG mg-% AS	FG mg-% VC	TG %	TG mg-% VC		
Aconitum napellus	15. 3.	Blätter	203	262	20,5	1280	V	V
	24. 5.	,,	106	142	19,3	735	IV	IV
	25. 7.	,,	15*	200	25,1	797	IV	IV
	4. 6.	LÖHNER, Blätter	16					
Actaea spicata	21. 4.	Blattfiedern	71	248	20,4	1210	V	V
	24. 5.	,,	32	213	25,5	834	V	IV
	14. 8.	,,	16	178	31,5	564	IV	IV
	16. 8.	,,	2*	140	22,6	620	IV	IV
Adonis vernalis	12. 4.	Blätter	163	233	23,2	1000	V	IV
	25. 7.	,,	18*	242	30,1	805	V	IV
Anemone japonica	28. 4.	Blattfiedern	43	154	21,7	712	IV	IV
	7. 8.	,,	3*	134	30,1	446	IV	IV
Anemone nemorosa	9. 4.	Hochblätter	117	161	20,3	790	IV	IV
	20. 5.	MADAUS, Kraut	6					
	27. 4.	MOLDTMANN	75					
Anemone pulsatilla	27. 4.	Blattfiedern	136	229	26,1	877	V	IV
	23. 8.		3*	177	37,6	472	IV	IV
Anemone ranunculoides	5. 4.	Hochblätter	368	460	18,8	2450	VI	VI
Anemone silvestris	17. 4.	,,	128	222	28,3	785	V	IV
Aquilegia vulgaris	23. 3.	Blattfiedern	274	318	24,4	1300	V	V
	14. 8.	,,	212	269	27,4	981	V	IV
	30. 5.	MADAUS, blühendes Kraut	163					
Caltha palustris	2. 3.	Blätter	128	181	16,7	1080	IV	V
	20. 3.	,,	108	157	14,6	1080	IV	V
	5. 4.	,,	66	114	14,0	815	IV	IV
	8. 5.	,,	109	205	15,8	1300	V	V
	19. 5.	,,	137	119	20,4	583	IV	IV
	2. 6.	,,	145	168	21,5	783	IV	IV
	11. 8.	,,	30*	222	17,5	1270	V	V
	13. 8.	,,	83	141	16,9	738	IV	IV
	16. 4.	LÖHNER, Kraut	8					
	15. 5.	MOLDTMANN, Blätter	13					
Cimicifuga foetida	27. 4.	Blattfiedern	76	235	21,9	1076	V	V
	18. 8.	,,	8*	263	33,0	797	V	IV
Clematis alpina	28. 4.	,,	89	137	16,6	829	IV	IV
	10. 8.	,,	20	107	23,9	450	IV	III
Clematis vitalba	30. 4.	,,	76	180	22,9	784	IV	IV
	21. 8.	,,	4*	154	27,6	557	IV	IV
	27. 8.	,,	102	158	19,6	805	IV	IV
Delphinium consolida	25. 7.	Blätter	102	203	23,0	884	V	IV

Tabelle 11. (Fortsetzung.)

	Datum		FG mg-% AS	FG mg-% VC	TG %	TG mg-% VC		
Eranthis hiemalis	8. 3.	Hochblätter	302	335			V	
	14. 4.	,,	196	209	13,0	1620	V	V
Ficaria verna	9. 2.	Blätter	137	163			IV	
	13. 2.	,,	151	180	17,8	1010	IV	V
	13. 2.	,,	137	165	16,3	1010	IV	V
	16. 2.	,,	175	231	16,8	1380	V	V
	19. 2.	,,	159	205	17,9	1150	V	V
	19. 2.	,,	146	187			IV	
	27. 2.	,,	164	193	16,7	1155	IV	V
	27. 2.	,,	197	224	18,4	1220	V	V
	1. 3.	,,	179	216	17,1	1260	V	V
	1. 3.	,,	183	209	17,6	1190	V	V
	3. 3.	,,	137	168	15,1	1112	IV	V
	3. 3.	,,	153	189	16,4	1153	IV	V
	16. 3.	,,	172	214	16,7	1280	V	V
	10. 4.	,,	127	164	12,0	1360	IV	V
	30. 4.	,,	124	161	11,0	1470	IV	V
	22. u. 4. 4.	LÖHNER, Kraut	8—44					
Helleborus foetidus	9. 2.	Blätter	45	122	26,9	455	IV	III
	26. 2.	,,	6	155	32,2	481	IV	III
	11. 5.	,,	68	125	22,1	564	IV	IV
	22. 11.	,,	11	113	33,4	339	IV	III
Helleborus niger	10. 3.	,,	103	155	34,7	448	IV	III
	27. 7.	,,	59	117	30,0	390	IV	III
Hepatica triloba	11. 4.	,,	47	111	19,9	558	IV	IV
	30. 5.	,,	57	135	30,6	441	IV	III
	14. 8.	,,	5*	152			IV	
	21. 8.	,,	9	111	36,5	304	IV	III
	27. 8.	,,	31	87	30,1	289	III	III
Nigella sativa	25. 7.	,,	487	576	28,5	2020	VI	VI
Paeonia officinalis	27. 4.	Blattfiedern	307	378	26,4	1430	V	V
	29. 7.	,,	155	322	23,1	1400	V	V
	24. u. 31. 5.	LÖHNER, Blätter	188—290					
Ranunculus acer	15. 3.	Blätter	128	200	18,7	1070	IV	V
	7. 8.	,,	34	168	20,2	832	IV	IV
Ranunculus repens	27. 2.	,,	100	185	16,2	1140	IV	V
	21. 9.	,,	78	347	17,6	1970	V	V
	25. 9.	,,	86	107	15,0	714	IV	IV
Thalictrum aquilegifolium	28. 4.	Blattfiedern	380	406	22,5	1800	VI	V
	24. 8.	,,	188	213	29,8	714	V	IV
	4. 6.	LÖHNER, Blätter	220					
Thalictrum cinerium	28. 4.	Blattfiedern	301	333	25,1	1325	V	V
	2. 6.	,,	266	345	33,3	1036	V	V
	13. 8.	,,	240	276	30,1	918	V	IV
	14. 8.	,,	6*	245			V	
Thalictrum glaucum	8. 8.	,,	325	414	27,7	1495	VI	V

Tabelle 12. (Cruciferae.)

	Datum		FG mg-% AS	FG mg-% VC	TG %	TG mg-% VC		
Alliaria officinalis	13. 2.	Blätter	260	284	19,9	1430	V	V
	22. 2.	,,	258	310	16,9	1830	V	V
	11. 4.	,,	255	278	15,8	1755	V	V
	7. 8.	,,	181	218	17,2	1265	V	V
	31. 10.	,,	212	241	19,4	1280	V	V
Barbarea vulgaris	13. 4.	,,	224	242	15,9	1520	V	V
	9. 4. u. 4. 6.	LÖHNER, Kraut	92 u. 140					
Brassica Liho	15. 7.	Blätter	67	105	11,7	897	III	IV
Capsella bursa pastoris	15. 2.	,,	182	195	18,1	1080	IV	V
	6. 3.	,,	217	237	17,7	1340	V	V
	6. 3.	ganze Rosette	143	147	16,2	908	IV	IV
	10. 4.	Blätter	138	171	14,2	1200	IV	V
	28. 8.	,,	110	132	15,8	836	IV	IV
	1. 11.	,,	139	166	13,1	1250	IV	V
	21. 11.	,,	134	159	13,3	1200	IV	V
	23. 7.	MADAUS ganze Pflanze	25					
	1. 4. u. 13. 9.	LÖHNER, Kraut	70 u. 23					
Cardamine pinnata	12. 4.	Blätter	125	169	14,8	1145	IV	V
	4. 8.	,,	147	192	21,2	906	IV	IV
Cochlearia officinalis	11. 4.	,,	167	169	12,9	1310	IV	V
	11. 8.	,,	172	233	11,6	2010	V	VI
	23. 10.	,,	210	251	16,6	1510	V	V
	8. 5. u. 24. 5.	MADAUS, Kraut und blühendes Kraut	70 u. 97					
		LÖHNER	60 bis 184					
Crambe maritima	18. 8.	Blätter	90	131	14,0	932	IV	IV
Dentaria digitata	12. 4.	,,	324	377	17,1	2200	V	VI
Diplotaxis tenuifolia	31. 7.	Blattfiedern	209	258	12,4	2080	V	VI
	4. 11.	,,	140	165	15,3	1080	IV	V
Hesperis matronalis	9. 5.	Blätter	343	451	13,7	3290	VI	VI
Isatis tinctoria	4. 8.	,,	82	114	12,3	930	IV	IV
Lunaria annua	19. 4.	,,	91	103	12,7	806	IV	IV
Roripa silvestris	31. 7.	,,	116	145	13,3	1090	IV	V
Sinapis alba	21. 8.	Blätter	149	201	24,7	813	V	IV
	2. 11.	,,	190	232	15,4	1500	V	V
	16. 11.	,,	184	203	16,8	1210	V	V
	23. 7.	LÖHNER, Blätter	3					

Tabelle 12. (Fortsetzung.)

	Datum		FG mg-% AS	FG mg-% VC	TG %	TG mg-% VC		
Sinapis arvensis	31. 7.	Blätter	88	133	12,0	1110	IV	V
Sisymbrium officinale	10. 7.	,,	69	75	11,3	665	III	IV
	26. 7.	,,	115	185	17,1	1080	IV	V

Bei Frischgewichtsbezug (FG-Bezug) weisen nur die Blätter von *Hepatica triloba* wenig VC auf, was wohl mit ihrem bereits eingetretenen Alterungszustand zusammenhängt. Außerdem ist den derben Blättern der Leberblume ein relativ hohes Trockengewicht eigen, so daß die VC-Gehalte an sich niedrig erscheinen, wenn das Trockengewicht als Bezugseinheit gewählt wird. Ebenso liegen die Verhältnisse bei den derben Blättern von *Helleborus foetidus, H. niger* und *Clematis alpina.* Sehr viel VC sowohl bei Frischgewichts- als Trockengewichtsbezug treffen wir bei Blättern von *Nigella sativa* und den laubblattähnlichen Hochblättern von *Anemone ranunculoides* an. Auf den VC-Reichtum der Blätter von *Ficaria verna* haben wir bereits in der Einleitung (s. S 3 hingewiesen. Bei den 15 durchgeführten Analysen des Scharbockskrautes fallen die VC-Gehalte in die V. Gruppe, wenn das Trockengewicht (TG) als Bezugseinheit gewählt wird, während in 6 Fällen auch bei FG-Bezug sich viel VC ergibt. Der relativ hohe Wassergehalt der Blätter bedingt eine Senkung des VC-Gehaltes, so daß die Mehrzahl der Fälle bei FG-Bezugnahme nur mittelmäßige VC-Konzentration aufweist.

Cruciferen. Von 16 Arten der Cruciferen bestimmten wir den AS- bzw. VC-Gehalt; die Analysenwerte enthält die Tabelle 12. Wie die Ranunculaceen zeichnen sich auch die Cruciferen offensichtlich durch einen hohen VC-Gehalt aus, vor allem bei Zugrundelegung des TG. Die statistische Auswertung der Tabelle 12 ergibt folgendes Resultat:

Gr.	II	III	IV	V	VI	
			Frischgewicht.			
	0	2	16	14	1	= 33 Analysen
		6%	49%	42%	3%	= 100%
			Trockengewicht.			
	0	0	9	20	4	= 33 Analysen
			27%	61%	12%	= 100%

Daß *Sisymbrium officinale* in einem Fall nur wenig VC aufweist, ist damit zu erklären, daß die Blätter von Schattenpflanzen stammten. Der niedere, in die III. Gruppe fallende VC-Gehalt von *Brassica* „*Liho*“, einer „Kultursorte“, ist durch den hohen Wassergehalt bedingt.

Sehr viel VC trafen wir bei FG- und TG-Bezugnahme in den Blättern von *Hesperis matronalis* an; auch *Diplotaxis* und *Cochlearia officinalis* sind sehr reich an VC, wenn das TG als Bezugseinheit gewählt wird.

Rosaceen. Als Träger hoher VC-Gehalte treten uns die Blätter der Rosazeen entgegen, besonders bei Bezugnahme auf das FG. Die Mehrzahl der untersuchten 28 Arten zeichnet sich durch viel VC in ihren Blättern aus. Da die Rosaceenblätter ein ungewöhnlich hohes TG haben, was offensichtlich durch einen relativ hohen Anteil an festen Zellwandsubstanzen bedingt ist, wird das Maximum des VC-Gehaltes bei Bezug auf das TG in die IV. Gruppe unseres Einteilungsverfahrens verschoben, was sich aus folgender Zusammenstellung ergibt:

Gr.	II	III	IV	V	VI	
			Frischgewicht.			
	0	0	8 19%	32 72%	4 9%	= 44 Analysen = 100%
			Trockengewicht.			
	0	5 12%	32 76%	5 12%	0	= 42 Analysen = 100%

Aus der Tabelle 13 läßt sich mehr als ein Beispiel entnehmen, daß AS-Bestimmungen auch bei Rosaceenblättern nicht genügen, um den wirklichen VC-Gehalt anzugeben. Nach LÖHNER ist der VC-Gehalt in den Blättern von *Geum rivale*, *Alchemilla vulgaris* und *Pirus communis* außerordentlich gering, während in Wirklichkeit in allen 3 Fällen viel VC vorhanden ist.

Papilionaceen. Die Papilionaceen, die zur Reihe der Rosales gezählt werden, weisen hinsichtlich des VC-Gehaltes ähnliche Verhältnisse wie die Rosaceen auf. Untersucht wurden 21 Arten (s. Tabelle 14). Bei Bezugnahme auf das Frischgewicht liegt zwar das Maximum des VC-Gehaltes in der IV. Gruppe, wie es die folgende Zusammenstellung erkennen läßt, während das Maximum bei den Rosaceen in die V. Gruppe fällt.

Gr.	II	III	IV	V	VI	
			Frischgewicht.			
	0	2	18	16	0	= 36 Analysen
		6%	50%	44%		= 100%
			Trockengewicht.			
	0	0	26	10	0	= 36 Analysen
			72%	28%		= 100%

VC-Gehalte der VI. Gruppe, die bei den Rosaceen in 4 Fällen auftraten, fehlen bei den Papilionaceen. Wenn das TG als Bezugseinheit gewählt wird, unterscheiden sich die Papilionaceen jedoch von den Rosaceen nicht.

Die von anderen Autoren angegebenen geringen AS-Gehalte der Blätter einiger Arten beruhen auf unrichtigen Bestimmungen. Die Blätter von *Anthyllis vulneraria, Galega officinalis* und *Ononis spinosa* sind wahrscheinlich reich an Oxydasen, so daß bei der Aufarbeitung des Analysenmaterials leicht ein stärkerer Schwund an AS eintritt.

Umbelliferen. Von den Choripetalen konnten wir noch die Umbelliferen mit 23 untersuchten Arten eingehender prüfen (Tabelle 15). Wenn wir von VC-armen Blättern einiger Arten von *Eryngium bromeliaefolium* und *Hydrocotyle* absehen, können wir sagen, daß den meisten Umbelliferenblättern ein mittlerer VC-Gehalt eigen ist, sowohl bei Bezugnahme auf das FG als auf das TG. Die folgende Zusammenstellung erläutert den Befund.

Gr.	II	III	IV	V	
			Frischgewicht.		
	1	3	30	14	= 48 Analysen
	2%	6%	63%	29%	= 100%
			Trockengewicht.		
	1	6	34	7	= 48 Analysen
	2%	12%	71%	15%	= 100%

Wenn LÖHNER in den Blättern von *Carum carvi* überhaupt keine AS ermittelte und in denen von *Foeniculum vulgare* auch nur Spuren fand, so liegt es eben daran, daß bei der Aufarbeitung die

Tabelle 13. (Rosaceae.)

	Datum		FG mg-% AS	FG mg-% VC	Tg%	TG mg-% VC		
Agrimonia eupatoria	26. 7.	Blätter	260	351	35,5	990	V	IV
	10. 6.	Löhner, Kraut	70					
Alchemilla vulgaris	21. 3.	Blätter	217	278	27,9	996	V	IV
	26. 7.	,,	163	279			V	
	22. 8.	,,	179	236	27,8	848	V	IV
	17. 7.	Madaus, Kraut	41					
	15. 5.	Löhner, Blätter	6					
	13. 6.	Löhner, Kraut	16					
Aruncus silvester	2. 8.	Blattfiedern	104	205	35,7	574	V	IV
Comarum palustre	16. 8.	Blattfiedern	316	434	37,5	1160	VI	V
Crataegus monogyna	16. 8.	Blätter	176	403	48,1	839	VI	IV
Crataegus oxyacantha	27. 8.	,,	261	274	49,0	560	V	IV
	10. u. 15. 5.	Löhner, Blätter	15 bis 22					
Cydonia vulgaris	17. 8.	Blätter	144	230	46,4	495	V	III
Dryas octopetala	16. 8.	,,	220	325	40,2	808	V	IV
Filipendula ulmaria	8. 8.	Blattfiedern	178	263	31,3	839	V	IV
Fragaria vesca	15. 8.	,,	196	247	35,1	702	V	IV
	18. 4.	Löhner, Blätter	149					
	7. 5.	Löhner, Blätter	15					
	15. 5.	Löhner, Blätter	53					
Geum rivale	14. 4.	Blattfiedern	150	209	21,9	958	V	IV
	16. 8.	,,	91	228	33,7	678	V	IV
	16. 4.	Löhner, Kraut	12					
Geum urbanum	15. 8.	Blattfiedern	67	162	27,6	584	IV	IV
	25. 7.	Madaus, ganze Pflanze	30					
Mespilus germanica	21. 8.	Blätter	139	327	48,2	679	V	IV
	20. 4.	,,	126	238	30,3	787	V	IV
Pirus communis	19. 8.	,,	18*	307	46,5	661	V	IV·
	27. 8.	,,	233	273	44,0	621	V	IV
	19. 7.	Löhner, Blätter	16					
Pirus malus	22. 8.	Blätter	341	479	41,8	1150	VI	V
		v. Wendt	475					
	19. 7.	Löhner	30 bis 220					
Potentilla anserina	24. 7.	Blattfiedern	199	309	36,4	849	V	IV
	27. u. 30. 7.	Madaus, ganze Pflanze	20 bis 31					

Tabelle 13. (Fortsetzung.)

	Datum		FG mg-% AS	FG mg-% VC	TG %	TG mg-% VC		
Potentilla tormentilla	15. 8.	Blattfiedern	194	276	32,8	841	V	IV
Prunus cerasus	22. 8.	Blätter	107	253	41,5	610	V	IV
	25. 4. u. 9. 5.	Löhner	7 bis 35					
Prunus domestica	22. 8.	Blätter	295	394	41,6	948	V	IV
	9. 5.	Löhner	26					
Prunus lauro-cerasus	11. 1.	Blätter	158	232	34,7	668	V	IV
	3. 2.	,,	131	173	37,3	464	IV	III
	12. 2.	,,	157	214	36,1	594	V	IV
	19. 4.	,,	221	291	43,4	670	V	IV
	29. 5.	,,	67	106	25,4	418	IV	III
	9. 8.	,,	107	144	26,5	544	IV	IV
	24. 8.	,,	57	120	28,6	418	IV	III
	22. 11.	,,	143	198	34,7	571	IV	IV
Prunus padus	27. 7.	,,	160	248	34,6	718	V	IV
	22. 4. u. 19. 7.	Löhner	158 u. 13					
Prunus spinosa	16. 8.	Blätter	236	312	40,4	771	V	IV
	23. 7.	Löhner	220					
Rosa canina	24. 7.	Blattfiedern	212	306	41,1	744	V	IV
		Merck-Strohecker	350 bis 480					
		Madaus	27 bis 52					
		Löhner	14 bis 53					
		Sabalitschka u. Priem	140 bis 430					
Rubus fruticosus	15. 8.	Blattfiedern	177	308	37,3	826	V	IV
		Löhner	13 bis 132					
Rubus idaeus	15. 8.	Blattfiedern	312	327	40,2	814	V	IV
		v. Wendt	140					
		Löhner	19 bis 79					
Sanguisorba minor	14. 2.	Blattfiedern	358	417	21,9	1910	VI	V
	9. 5.	,,	331	379	28,3	1340	V	V
	26. 7.	,,	188	293			V	
	13. 11.	,,	287	347	27,3	1260	V	V
	15. u. 28. 5.	Löhner	22 bis 158					
Sorbus aria	22. 8.	Blätter	100	191	49,5	386	IV	III
Sorbus aucuparia	25. 4.	Blattfiedern	164	183	34,9	525	IV	IV
	18. 8.	,,	57*	282	39,7	710	V	IV
	9. 5.	Löhner	60					

Tabelle 14. (Leguminosae.)

	Datum		FG mg-% AS	FG mg-% VC	TG %	TG mg-% VC		
Anthyllis vulneraria	21. 4.	Blattfiedern	148	168	15,4	1090	IV	V
	10. 8.	,,	59	73	12,7	575	III	IV
	16. 8.	,,	80	84	14,3	591	III	IV
	22. 11.	,,	127	150	17,5	858	IV	IV
	28. 5.	Löhner, Blätter	5					
Coronilla varia	1. 8.	Blätter	82	127	17,4	729	IV	IV
Cytisus Adami	11. 5.	,,	302	347	24,8	1400	V	V
Galega officinalis	12. 5.	Blattfiedern	115	173	17,5	985	IV	IV
	4. 8.	,,	12*	147	19,5	757	IV	IV
	8. 8.	,,	167	213	24,8	858	V	IV
	17. 7.	Madaus, blüh. Kraut	34					
	3. 6.	Löhner, Kraut	4					
Glycyrrhiza glabra	15. 5.	Blattfiedern	201	242	25,2	960	V	IV
	6. 8.	,,	237	275	36,2	760	V	IV
	7. 8.	,,	49*	167	26,2	637	IV	IV
Lathyrus odorata	21. 8.	Blätter	37*	108	17,6	614	IV	IV
Lathyrus pratensis	21. 8.	,,	207	258	32,0	799	V	IV
Lathyrus vernus	11. 4.	Blattfiedern	81	108	16,1	668	IV	IV
Lotus corniculatus	30. 8.	,,	107	157	12,7	1230	IV	V
	28. 5.	Löhner, Blätter	7					
Lupinus polyphyllus	23. 8.	Blattfiedern	69	218	20,6	1056	V	V
	24. 5.	Löhner, Blätter	96					
Medicago lupulina	24. 8.	Blattfiedern	217	258	30,5	845	V	IV
Medicago sativa	2. 6.	,,	221	242	26,8	902	V	IV
	10. 8.	,,	161	235	26,0	913	V	IV
		Droese und Bramsel	150					
Melilotus officinalis	16. 5.	Blattfiedern	301	354	20,9	1700	V	V
	6. 7.	,,	112	226	21,6	1044	V	V
	12. 6. u. 4. 7.	Madaus, blüh. Kraut	148 u. 19					
	26. 6. u. 20. 5.	Löhner	48 bis 140					
Mimosa pudica	11. 9.	Blattfiedern	97	108	31,6	343	IV	IV
Ononis spinosa	24. 4.	,,	120	138	14,9	923	IV	IV
	4. 8.	,,	5*	145	25,6	566	IV	IV
	13. 8.	,,	106	137	21,9	624	IV	IV
	15. 5.	Löhner, Blätter	24					

Tabelle 14. (Fortsetzung.)

	Datum		FG mg-% AS	FG mg-% VC	TG%	TG mg-% VC		
Phaseolus multiflorus	17. 7.	Blätter	59	147	15,5	946	IV	IV
Pisum sativum	25. 7.	Blattfiedern	95	147	19,9	739	IV	IV
	12. 10.	,,	207	254	15,0	1690	V	V
		v. WENDT	200 bis 260					
Sarothamnus scoparius	9. 8.	Blätter	150	181	32,7	554	IV	IV
	6. 5.	,,	108	147	24,5	599	IV	IV
		MADAUS, Blätter und Stengel	75					
Trifolium pratense	22. 3.	Blattfiedern		255	21,7	1170	V	V
	12. 5.	,,	133	245	25,1	974	V	IV
	8. 8.	,,	24*	183	24,7	741	IV	IV
Trigonella foenum graecum	4. 8.	,,	99	207	17,0	1210	V	V
Vicia sativa	10. 8.	,,	227	280	21,9	1280	V	V

AS durch Oxydation in DAS überging. Hierfür liefern Blätter von *Sanicula europaea* das beste Beispiel. Bei der von uns in üblicher Weise durchgeführten Aufarbeitung mit 40 cm³ 5 %iger Metaphosphorsäure geht das gesamte VC in die dehydrierte Form über. Kommt dagegen stärkere Metaphosphorsäure zur Anwendung, so läßt sich ein wesentlicher Teil des VC in der hydrierten Form erhalten (s. S. 14).

Solanaceen. 17 Arten dieser Familie, die wir untersuchen konnten, wiesen in ihren Blättern entweder sehr wenig bis wenig oder mittelmäßig VC auf (s. Tabelle 16). Viel VC trafen wir nur bei den Blättern des Schwarzen Nachtschattens an. Insofern unsere Analysendaten als ausreichend gelten können, läßt sich sagen, daß es bei den Solanaceen Arten mit relativ viel und solche mit wenig VC gibt. Ausgesprochen arm an VC sind die Blätter von *Lycium halimifolium* und *Petunia hybrida,* während die Blätter von *Solanum nigrum* und *Solanum tuberosum* verhältnismäßig viel VC führen. Vermutlich gibt es bei den Solanaceen zweierlei Typen hinsichtlich des VC-Gehaltes. Die folgende Zusammenstellung ergibt, daß das Maximum der VC-Gehalte in die III. und IV. Gruppe fällt, wenn das FG als Bezugseinheit

Tabelle 15. (Umbelliferae.)

	Datum		FG		TG %	TG mg-% VC		
			mg-% AS	mg-% VC				
Aegopodium podagraria	27. 2.	junge Blätter	82	128	21,6	590	IV	IV
	7. 6.	Blattfiedern	93	150	22,7	661	IV	IV
	13. 7.	,,	23*	172	26,1	660	IV	IV
	1. 11.	,,	54	136	20,2	591	IV	IV
	13. 4. u. 7. 5.	LÖHNER, Kraut	13 u. 6					
Aethusa cynapium	24. 8.	Blattfiedern	246	286	28,8	995	V	IV
Ammi visnaga	2. 8.	Blätter	53	105	16,8	625	IV	IV
Anethum graveolens	20. 6.	,,	210	223	19,7	1133	V	V
	28. 7.	,,	108	183	20,2	904	IV	IV
		v. WENDT, Blätter	215					
		VETTER u. WINTER, Blätter	150 bis 200					
		STEPP, KÜHNAU u. SCHROEDER, Blätter	150 bis 200					
	17. 7.	LÖHNER, Kraut	36					
Anthriscus cerefolium	25. 8.	Blattfiedern	135	183	21,1	864	IV	IV
	29. 8.	,,	76	117	24,3	482	IV	III
	10. 9.	,,	107	116	17,6	662	IV	IV
	2. 11.	,,	118	163	17,6	924	IV	IV
		DIEMAIR, TIMMLING u. FOX, Blätter	18					
	31. 7. u. 7. 8.	LÖHNER	8 u. 3					
Archangelica officinalis	21. 3.	Blattfiedern	143	193	20,2	953	IV	IV
	9. 8.	,,	70	164	21,9	750	IV	IV
	23. 8.	,,	154	200	22,6	883	IV	IV
Astrantia major	23. 4.	Blätter	73	139	16,5	842	IV	IV
	27. 7.	,,	3	143	27,9	512	IV	IV
	22. 8.	,,	39	133	24,1	553	IV	IV
	24. 10.	,,	34	129	24,6	522	IV	IV
Carum carvi	23. 3.	Blattfiedern	262	295	23,2	1260	V	V
	21. 8.	,,	95	150	22,3	672	IV	IV
	22. 8.	,,	72	145	24,2	597	IV	IV
	3. 6.	LÖHNER, Kraut	0					
Conium maculatum	20. 4.	Blattfiedern	178	184	19,1	966	IV	IV
	28. 5.	,,	218	233	23,2	1010	V	V
	28. 7.	,,	163	210	24,1	870	V	IV
	10. 11.	,,	212	231	23,0	1007	V	V

Tabelle 15. (Fortsetzung.)

	Datum		FG		TG %	TG mg-% VC		
			mg-% AS	mg-% VC				
Daucus carota (Wildform)	8. 8.	Blattfiedern	111	218	29,0	753	V	IV
Eryngium bromeliifolium	11. 9.	Blätter	7	33	20,8	157	II	II
Eryngium planum	2. 5.	,,	101	152	17,9	849	IV	IV
	25. 7.	,,	45	102	23,5	436	IV	III
Falcaria vulgaris	10. 8.	Blattfiedern	79	173	26,5	654	IV	IV
Ferula galbaniflua	14. 8.	,,	173	276	34,0	811	V	IV
Foeniculum vulgare	8. 8.	,,	44	100	20,5	485	IV	III
	5. 11.	,,	123	167	22,0	758	IV	IV
	3. 6.	LÖHNER, Kraut	2					
Heracleum sphondyleum	15. 8.	Blattfiedern	131	262	24,4	1075	V	V
	9. 11.	,,	165	225	19,8	1140	V	V
Hydrocotyle vulgaris	2. 8.	Blätter	27	78	15,9	490	III	III
	10. 9.	,,	63	74	11,7	635	III	IV
	19. 6. u. 25. 7.	MADAUS, Kraut	8—15					
Laserpitium siler	22. 8.	Blätter	3*	176	38,8	455	IV	III
	28. 8.	,,	89	211	41,7	507	V	IV
Levisticum officinale	21. 4.	Blattfiedern	150	213	17,5	1220	V	V
	17. 8.	,,	54	105	19,2	544	IV	IV
		DIEMAIR, TIMMLING u. FOX, Kraut	29					
		LÖHNER, Kraut	6—9					
Pastinaca sativa	8. 8.	Blattfiedern	130	211	22,5	936	V	IV
	18. 4. 10. 6. 15. 5.	LÖHNER, Kraut, Blätter	4—36					
Pimpinella saxifraga	18. 8.	Blattfiedern	92	176	18,3	958	IV	IV
	22. 8.	,,	107	151	21,1	716	IV	IV
		DROESE u. BRAMSEL	80					
Sanicula europaea	17. 5.		3	54	17,7	305	III	III
	10. 10.		1	142	25,6	557	IV	IV
	24. 6.	MADAUS, blüh. Pflanze	114					
	12. 7. u. 5. 9.	MADAUS	18 bis 22					
Torylis anthriscus	1. 8.	Blätter	57	219	30,3	725	V	IV

Tabelle 16. (Solanaceae.)

	Datum		FG		TG %	TG mg-% VC		
			mg-% AS	mg-% VC				
Atropa belladonna	4. 4.	Blätter	20	44	11,5	385	II	III
	11. 6.	,,	75	95	14,7	642	III	IV
	12. 6.	,,	15*	77	14,1	550	III	IV
	1. 8.	,,	101	121	18,0	674	IV	IV
	3. 10.	,,	42	97	15,7	620	III	IV
	16. 10.	,,	37	120	22,5	533	IV	IV
	18. 10.	,,	53	126	19,3	651	IV	IV
	7. 11.	,,	52	67	13,8	489	III	III
	28. 5.	LÖHNER, Blätter	0					
Capsicum annuum	22. 8.	Blätter	71	149	16,6	896	IV	IV
	5. 7. u. 27. 8.	LÖHNER, Blätter	20 u. 60					
Datura stramonium	19. 6.	Blätter	174	186	21,8	855	IV	IV
	5. 7.	,,	62	92	13,1	704	III	IV
	5. 7.	,,	177	200	15,3	1310	IV	V
	4. 9.	,,	126	138	19,5	708	IV	IV
	1. 11.	,,	60	81	17,4	464	III	III
Hyoscyamus niger	4. 7.	,,	37	69	14,5	479	III	III
	5. 7.	,,	141	159	15,5	1030	IV	IV
Lycium halimifolium	25. 4.	,,	30	95	18,6	510	III	IV
	25. 7.	,,	7*	50	38,4	130	II	II
	6. 8.	,,	3	5	23,1	22	I	I
	9. 8.	,,	13	43	18,3	237	II	II
	18. 6.	,,	23	53	19,4	273	III	III
Mandragora officinarum	19. 3.	,,	65	89	12,5	715	III	IV
	14. 4.	,,	44	66	11,2	586	III	IV
	26. 4.	MADAUS, Kraut	9					
Nicotiana tabacum	14. 8.	Blätter	100	131	19,6	666	IV	IV
	21. 8.	,,	55	112	19,9	560	IV	IV
	1. 11.	,,	48	75	12,7	592	III	IV
Nicotiana rustica	7. 8.	,,	26	53	12,3	432	III	III
Petunia hybrida	26. 7.	,,	16	36	9,0	401	II	III
Physalis alkekengi	26. 7.	,,	46	109	17,3	630	IV	IV
	29. 8.	LÖHNER, Blätter	23					
Scopolia carniolica	19. 3.	Blätter	88	130	14,3	911	IV	IV
	4. 4.	,,	67	97	14,3	676	III	IV
Scopolia physaloides	6. 4.	,,	58	90	10,9	826	III	IV
	3. 7.	,,	7*	78	15,3	511	III	IV
	4. 6.	,,	72	87	11,8	741	III	IV
	15. 8.	,,	66	77	11,1	692	III	IV
	31. 10.	,,	58	110	12,9	857	IV	IV

Tabelle 16. (Fortsetzung.)

	Datum		FG mg-% AS	FG mg-% VC	TG %	TG mg-% VC		
Solanum lycopersicum		v. WENDT, Blätter	80					
	29. 7.	LÖHNER	7					
Solanum dulcamara	23. 8.	Blätter	6	179	24,9	724	IV	IV
	16. 10.	,,	15	127	20,1	631	IV	IV
	3. 6.	LÖHNER, Blätter	25					
Solanum melongena	19. 8.	Blätter	57	116	18,2	640	IV	IV
	25. 7.	,,	102	168	15,6	1080	IV	V
Solanum nigrum	4. 9.	,,	114	127	13,9	915	IV	IV
	1. 11.	,,	178	246	13,0	1900	V	V
	7. 11.	,,	224	243	13,0	1870	V	V
	17. 11.	,,	180	238	14,3	1670	V	V
	10. 9.	MOLDTMANN, Blätter	166					
Solanum tuberosum	28. 5.	Blätter	133	153	17,2	890	IV	IV
	1. 7.	,,	17*	61	12,8	476	III	III
	9. 10.	,,	159	153	13,7	1160	IV	V
	11. 10.	,,	144	171	12,8	1340	IV	V
	31. 10.	,,	102	149	12,4	1200	IV	V
		v. WENDT, Blätter	190					
	10. 7.	LÖHNER, Kraut	10					

gewählt wird. Bei Bezugnahme auf das TG fällt das Maximum eindeutig in die IV. Gruppe.

Gr.	I	II	III	IV	V	
			Frischgewicht.			
	1	4	19	22	3	= 49 Analysen
	2 %	8 %	39 %	45 %	6 %	= 100 %
			Trockengewicht.			
	1	2	8	30	8	= 49 Analysen
	2 %	4 %	16 %	62 %	16 %	= 100 %

Wenn LÖHNER in Tollkirschenblättern keine AS feststellte, so kommt darin zum Ausdruck, daß diese Blätter reich an Oxydasen sind. Die von uns ermittelte Verhältniszahl VC/AS ist daher in diesem Fall auch hoch.

Labiaten. 24 Arten dieser Familie konnten auf den VC-Gehalt der Blätter untersucht werden (Tabelle 17). Sowohl bei Bezugnahme auf das FG als auf das TG liegt das Maximum des VC-

Tabelle 17. (Labiatae.)

	Datum		FG mg-% AS	FG mg-% VC	TG %	TG mg-% VC		
Ajuga reptans	1. 5.	Blätter	76	98	17,4	560	III	IV
	24. 8.	,,	27*	78	25,1	309	III	III
	29. 8.	,,	49	86	22,5	382	III	III
	15. 5.	LÖHNER, Blätter	4					
Brunella vulgaris	28. 8.	Blätter	26	131	21,5	612	IV	IV
	29. 8.	,,	17	63	18,1	345	III	III
	26. 6.	LÖHNER, Kraut	7					
Galeopsis ochroleuca	11. 5.	Blätter	72	94	12,3	764	III	IV
	22. 7.	,,	63	108			IV	
	17. 7.	MADAUS, Kraut	25					
	6. 6.	LÖHNER, Kraut	5					
Glechoma hederacea	16. 3.	Blätter	153	186	25,5	730	IV	IV
	28. 8.	,,	31	118	25,4	463	IV	III
	6. 9.	,,	48	90	26,9	334	III	III
	2. 11.	,,	69	101	15,6	647	IV	IV
	26. 4.	} LÖHNER,	6					
	10. 7.	} Kraut	6					
Hyssopus officinalis	1. 5.	Blätter	120	141	21,1	666	IV	IV
	4. 8.	,,	36*	171	24,6	693	IV	IV
	29. 8.	,,	77	132	29,9	440	IV	III
	5. 7.	} LÖHNER,	5					
	14. 8.	} Kraut	5					
Lamium album	23. 3.	Blätter	180	192	19,1	1005	IV	V
	13. 4.	,,	127	139	16,7	833	IV	IV
	10. 7.	,,	129	139	18,3	758	IV	IV
	31. 7.	,,	95	108	17,5	619	IV	IV
	9. 10.	,,	161	162	15,6	1041	IV	V
	18. 10.	,,	102	145	16,7	866	IV	IV
	27. 10.	,,	124	150	19,1	785	IV	IV
	30. 10.	,,	130	149	16,7	895	IV	IV
	14. 11.	,,	115	134	16,4	815	IV	IV
	5. bis 10. 5.	MOLDTMANN, Blätter	83 bis 130					
	5. 6.	MADAUS, Kraut	41					
	19. 4.	LÖHNER, Kraut	3					
Lamium galeobdolon	10. 4.	Blätter	174	204	18,4	1110	V	V
	16. 4.	,,	104	118	16,8	704	IV	IV
	31. 7.	,,	67	84	16,0	528	III	IV
	13. 6.	LÖHNER, Kraut	122					
	16. 4.	Blätter	56	122	19,4	632	IV	IV
	7. 8.	,,	8*	117	18,7	625	IV	IV
	19. 4.	LÖHNER, Rote Taubnessel (?) Kraut	5					

Tabelle 17. (Fortsetzung.)

	Datum		FG mg-% AS	FG mg-% VC	TG %	TG mg-% VC		
Lavandula spica	2. 5.	Blätter	103	153	20,7	737	IV	IV
	10. 8.	,,	3*	156	25,0	622	IV	IV
Leonurus cardiaca	17. 8.	,,	9*	115	42,2	273	IV	III
Marrubium vulgare	14. 8.	,,	68	127	36,1	352	IV	III
	19. 6.	MADAUS, Kraut	93					
Melissa officinalis	24. 4.	Blätter	60	131	17,7	742	IV	IV
	10. 8.	,,	3*	147	27,2	540	IV	IV
	13. 8.	,,	52	122	25,9	471	IV	III
		WACHHOLDER, Kraut	20					
	10. 6.	MADAUS, Kraut	5					
	5. 7.	LÖHNER, Kraut	7					
Mentha piperita	15. 5.	Blätter	39	77	13,5	568	III	IV
	19. 8.	,,	5*	99	22,2	448	III	III
	23. 8.	,,	5*	150	22,2	677	IV	IV
	22. 8.	,,	48	117	27,1	430	IV	III
	23. 8.	,,	30	70	14,5	479	III	III
	19. 6.	MADAUS, Kraut	25					
	25. 4.	LÖHNER, Kraut	1					
	14. 5.	,,	26					
		DROESE u. BRAMSEL	60					
Mentha silvestris	29. 8.	Blätter	6	175			IV	
	11. 9.	,,	42	128	18,7	684	IV	IV
Nepeta cataria	27. 4.	,,	147	197	18,0	1100	IV	V
	14. 8.	,,	39	201	28,1	716	V	IV
Origanum vulgare	18. 5.	,,	48	109	21,5	505	IV	IV
	9. 8.	,,	11	151	30,8	488	IV	III
	4. bis 19. 6.	LÖHNER, Kraut	4—16					
Origanum majorana	18. 8.	Blätter	18*	127	23,5	543	IV	IV
	5. 7.	LÖHNER, Kraut	11					
Rosmarinus officinalis	28. 8.	Blätter	37	155	25,0	619	IV	IV
	4. 9.	,,	53	135	42,6	317	IV	III
Salvia officinalis	21. 4.	,,	84	138	18,6	741	IV	IV
	2. 8.	,,	3	81	23,7	340	III	III
	6. 8.	,,	63	140	26,6	525	IV	IV
	25. 9.	,,	26	76	23,8	318	III	III
	2. 11.	,,	5	85	24,1	351	III	III
	17. 7.	MADAUS, Kraut	31					
	5. 7.	LÖHNER	8					

Tabelle 17. (Fortsetzung.)

	Datum		FG		TG %	TG mg-% VC		
			mg-% AS	mg-% VC				
Salvia pratensis	30. 4.	Blätter	86	145	20,0	726	IV	IV
	7. 8.	,,	33	139	18,9	737	IV	IV
	10. 5.	Löhner, Blätter	22					
Satureja hortensis	4. 7.	Blätter	57	82			III	
	18. 8.	,,	16	135	20,5	660	IV	IV
	28. 8.	,,	30	130			IV	
	5. u. 17. 7.	Löhner, Kraut	3—6					
Stachys betonica	5. 5.	Blätter	78	111	17,6	632	IV	IV
	8. 8.	,,	12	67	22,2	302	III	III
	8. 8.	,,	66	92	28,8	320	III	III
Stachys silvatica	7. 5.	,,	12	76	16,0	473	III	III
	21. 8.	,,	6	48	17,3	280	II	III
Teucrium scorodonia	15. 8.	,,	71	208	36,5	571	III	IV
Thymus serpyllum	8. 5.	,,	82	136	21,9	622	IV	IV
	18. 8.	,,	12	120	24,9	484	IV	III
	28. 8.	,,	41	115	32,2	357	IV	III
	8.	Löhner, Kraut	10 bis 13					
		Wachholder, Droese u. Bramsel	9					

Gehaltes in der IV. Gruppe; der Gehalt ist also als mittelmäßig zu bezeichnen. Wie sich aus der folgenden Zusammenstellung ergibt, ist der prozentuale Anteil der Blätter mit wenig VC verhältnismäßig groß, so daß wir es wie bei den Solanaceen wahrscheinlich mit 2 Typen hinsichtlich der VC-Menge in den Blättern zu tun haben. Bei den Schattenblättern von *Stachys silvatica* tritt ein sehr niederer VC-Gehalt auf: Konstitution und Umwelt wirken sich gleichmäßig auf eine Verminderung der VC-Bildung aus.

Gr.	I	II	III	IV	V	
			Frischgewicht.			
	0	1	18	47	2	= 68 Analysen
		2 %	26 %	69 %	3 %	= 100 %
			Trockengewicht.			
	0	0	23	37	4	= 64 Analysen
			36 %	58 %	6 %	= 100 %

Tabelle 18. (Compositae.)

	Datum		FG mg-% AS	FG mg-% VC	TG %	TG mg-% VC		
Achillea millefolium	14. 2.	Blätter	40	66	16,8	393	III	III
	14. 4.	,,	36	86	15,9	539	III	IV
	28. 7.	,,	15*	112			IV	
	9. 11.	,,	57	101	18,6	544	IV	IV
	24. 6.	MADAUS, blüh. Kraut	61					
	19. 4. u. 6. 6.	LÖHNER, Kraut	5—8					
Achillea ptarmica	11. 5.	Blätter	16	66	17,6	376	III	III
	29. 7.	,,	4*	53			III	
	6. 8.	,,	39	92	27,9	328	III	III
Anacyclus officinarum	28. 2.	,,	145	174	14,2	1220	IV	V
	19. 5.	,,	54	72	15,0	477	III	III
	21. 6.	,,	41	80	17,3	463	III	III
	5. 11.	,,	63	83	15,1	547	III	IV
	16. 12.	,,	51	71	15,6	454	III	III
Artemisia abrotanum	8. 5.	Blattfiedern	60	94	20,6	454	III	III
	8. 8.	,,	30	74	26,8	275	III	III
	10. 8.	,,	2*	73	23,7	308	III	III
	2. 11.	,,	19	84	22,9	367	III	III
	19. 6.	MADAUS, Blätter	27					
	8. 7.		23					
	27. 7.		17					
Artemisia absinthium	17. 4.	Blätter	85	130	21,2	613	IV	IV
	17. 8.	,,	58	140	31,1	452	IV	III
	23. 7.	MADAUS, ganze Pflanze	49					
Artemisia dracunculus	25. 4.	Blätter	92	121	17,6	687	IV	IV
	28. 8.	,,	4*	105	32,0	328	IV	III
	16. 5. bis 17. 8.	LÖHNER	3—12					
Artemisia vulgaris	22. 3.	Blätter	59	100	20,1	498	III	III
	2. 7.	,,	65	112	22,4	498	IV	III
	26. 7.	,,	9*	133	26,7	499	IV	III
	10. 5. u. 26. 6.	LÖHNER	7					
Aster linosyrus	22. 8.	Blätter	5*	129	32,2	401	IV	III
	28. 8.	,,	54	122	33,2	367	IV	III
Bellis perennis	22. 2.	,,	64	86	17,6	488	III	III
	12. 3.	,,	85	97			III	
	30. 8.	,,	11*	91	30,2	302	III	III
	7. 11.	,,	58	77	17,0	449	III	III
		ESDORN, Kraut	20					
	9. 5.	MADAUS, blüh. Kraut	5					
	9. 4.	LÖHNER, Kraut	4					
Bidens tripartitus	23. 8.	Blattfiedern	16*	143	26,5	542	IV	IV

Tabelle 18. (Fortsetzung)

	Datum		FG mg-% AS	FG mg-% VC	TG %	TG mg-% VC		
Calendula officinalis	15. 5.	Blätter	30	47	7,1	658	II	IV
	19. 5.	,,	33	39	7,5	526	II	IV
	24. 7.	,,	7*	30	9,8	304	II	III
	15. 8.	,,	18	25	7,5	326	II	III
	18. 10.	,,	2*	34	9,1	368	II	III
	4. 11.	,,	25	43	9,5	448	II	III
	18. 11.	,,	21	45	10,9	411	II	III
	2. 12.	,,	22	39	10,8	361	II	III
	16. 12.	,,	33	45	12,6	355	II	III
	10. 7.	Löhner	4					
Carlina acaulis	17. 8.	Blätter	8*	88	22,5	390	III	III
Chamomilla matricaria	30. 5.	,,	78	107	16,2	659	IV	IV
	24. 7.	,,	24	68	15,0	454	III	III
	1. 11.	,,	63	92	15,8	582	III	IV
	6. u. 20. 6.	Madaus, blüh. Kraut	26 bis 117					
Chondrilla juncea	18. 8.	Blätter	13	50	13,5	368	II	III
	4. 9.	,,	22	41	20,0	205	II	II
Cichorium intybus	18. 5.	,,	38	79	16,6	473	III	III
	9. 8.	,,	32	74	16,1	462	III	III
		Moldtmann	12					
	8. 5. u. 10. 7.	Löhner, Kraut	4—8					
Cirsium oleraceum	7. 5.	Blattfiedern	20	74			III	
	22. 5.	,,	2	34	10,2	330	II	III
	31. 7.	,,	11	79	14,9	532	III	IV
	17. u. 26. 4.	Löhner, Kraut	4—7					
Cynaria cardunculus subsp. Scolymus	2. 8.	Blätter	26	68	17,2	396	III	III
Dahlia variabilis	2. 10.	,,	36	116	14,5	801	IV	IV
		Moldtmann	30					
Doronicum caucasicum	15. 3.	Blätter	72	96	14,3	670	III	IV
Eupatorium cannabinum	12. 5.	Blattfiedern	46	107	16,6	646	IV	IV
	14. 8.	,,	26	164	27,0	610	IV	IV
	16. 8.	,,	56	106	25,6	414	IV	III
Helianthus annuus	13. 7.	Blätter	47	133	20,2	657	IV	IV
	30. 7.	,,	96	153	23,4	654	IV	IV
Helianthus salicifolia	26. 9.	,,	81	110	27,3	402	IV	III
Helianthus tuberosus	17. 4.	,,	53	105	15,5	680	IV	IV
	8. 7.	,,	0*	84	31,3	269	III	III
	10. 9.	,,	52	101	25,6	393	IV	III
	18. 9.	,,	4*	105	24,4	431	IV	III
Hieracium pilosella	14. 2.	,,	38	69	13,0	529	III	IV
	9. 5.	,,	73	101	18,1	561	IV	IV
	15. 5.	,,	42	79	17,9	441	III	III

Tabelle 18. (Fortsetzung.)

	Datum		FG mg-% AS	FG mg-% VC	TG %	TG mg-% VC		
Hieracium pilosella	29. 8.	Blätter	5*	74	18,4	402	III	III
	3. 9.	,,	20	57	21,0	271	III	III
	14. 11.	,,	40	81	18,8	432	III	III
	4. 6.	MADAUS, blüh. Pflanze	9					
	7. 5., 15. 5., 20. 7.	LÖHNER, Kraut	5—10					
Inula helenium	20. 4.	Blätter	28	77	17,3	445	III	III
	18. 7.	,,	5*	75	26,6	283	III	III
	5. 7.	LÖHNER, Kraut	4					
Lactuca muralis	15. 8.	Blätter	3*	44	13,4	331	II	III
Lactuca scariola	1. 8.	,,	21*	90	16,7	541	III	IV
	1. 8.	,,	134	139	21,2	655	IV	IV
Lactuca virosa	22. 2.	,,	63	90	13,6	658	III	IV
	24. 4.	,,	51	89	13,2	674	III	IV
	3. 8.	,,	3*	109	20,0	545	IV	IV
	9. 8.	,,	47	82	18,6	441	III	III
	10. 11.	,,	35	88	14,6	603	III	IV
	13. 6.	MADAUS, Blätter	16					
Lampsana communis	16. 5.	Blätter	60	79	10,8	736	III	IV
	1. 8.	,,	11*	60	15,0	399	III	III
Lappa officinalis	19. 3.	,,	59	92	13,7	670	III	IV
	10. 7.	,,	76	125	20,1	619	IV	IV
	18. 7.	,,	54	73	18,3	402	III	III
	29. 9.	,,	17	68	12,5	547	III	IV
	10. 5.	LÖHNER, Kraut	8					
Mulgedium alpinum	11. 5.	Blätter	25	85	16,3	523	III	IV
	3. 8.	,,	4	145	22,2	652	IV	IV
	14. 8.	,,	24	71	19,4	367	III	III
Petasites officinalis	6. 4.	,,	17	75	13,5	555	III	IV
	26. 5.	,,	30	112	16,0	699	IV	IV
	17. 7.	,,	0	120	17,4	689	IV	IV
	30. 7.	,,	20	96	18,9	508	III	IV
	26. 4. u. 8. 5.	LÖHNER, Blätter	3—15					
Prenanthes purpurea	18. 5.	Blätter	4	13	11,7	109	I	I
	5. 8.	,,	2	51	16,0	321	III	III
Scorzonera hispanica	26. 9.	,,	69	76	14,8	513	III	IV
	2. 10.	,,	61	111	14,7	758	IV	IV
Senecio vulgaris	5. 2.	,,	41	58	13,5	434	III	III
	6. 3.	,,	67	79	15,7	502	III	IV
	6. 3.	ganze Pflanzen ohne Wurzeln	51	61	15,1	401	III	III

Tabelle 18. (Fortsetzung.)

	Datum		FG		TG %	TG mg-% VC		
			mg-% AS	mg-% VC				
Senecio vulgaris	10. 4.	Blätter	38	68	11,3	603	III	IV
	15. 5.	,,	44	65	9,4	688	III	IV
	17. 5.	,,	27	58	12,3	472	III	III
	20. 6.	,,	40	61	11,1	551	III	IV
	4. 8.	,,	19	51	9,9	512	III	IV
	25. 9.	,,	40	49	11,5	423	II	III
	30. 10.	,,	56	91	13,5	676	III	IV
	15. 11.	,,	29	57	10,9	521	III	IV
	5. 12.	,,	45	79	13,5	586	III	IV
	19. 12.	,,	35	61	14,3	425	III	III
	15. 5. u. 26. 6.	MADAUS, Blätter und blüh. Kraut	15 u. 28					
	6. u. 28. 6.	LÖHNER, Blätter	4—7					
Silphium laciniatum	2. 8.	Blattfiedern	107	164	27,4	598	IV	IV
Sonchus oleraceus	24. 5.	Blätter	87	102	12,1	841	IV	IV
	3. 8.	,,	31	81	13,7	586	III	IV
	1. 11.	,,	64	93	14,9	625	III	IV
	16. 11.	,,	48	76	12,1	631	III	IV
	5. 12.	,,	44	74	16,1	462	III	III
Tanacetum vulgare	16. 3.	Blattfiedern	67	105	20,6	511	IV	IV
	18. 5.	,,	27	63	19,1	331	III	III
	24. 7.	,,	2*	83	22,8	364	III	III
	23. 8.	,,	37	96	24,8	386	III	III
	19. 7.	MADAUS, blüh. Kraut	25					
	25. 4. u. 28. 6.	LÖHNER, Kraut	4—9					
Taraxacum officinale	16. 3.	Blätter	104	133	18,9	703	IV	IV
	9. 4.	,,	51	74	12,5	591	III	IV
	22. 7.	,,	23	80	14,0	577	III	IV
	17. 10.	,,	27	105	17,4	602	IV	IV
	6. 11.	,,	49	101	16,5	615	IV	IV
		WACHHOLDER	16 bis 20					
		DROESE u. BRAMSEL	25					
		RUDOLPH	15 bis 23					
		LÖHNER	4—14					
		MADAUS	0					
Tussilago farfara	6. 4.	Blätter	19	64	11,6	550	III	IV
	1. 5.	,,	34	80	14,6	546	III	IV
	17. 5.	,,	24	50	13,6	371	II	III
	22. 7.	,,	0*	43	14,7	297	II	III
	11. 9.	,,	7*	34	14,9	229	II	III
	18. 9.	,,	0*	39	14,2	273	II	III
	8. 5.	LÖHNER	4					

Es bedarf kaum einer besonderen Hervorhebung, daß manche in der Literatur vorliegende Werte des VC-Gehaltes von Labiaten unrichtig sind. Wenn z. B. für das Kraut der Pfefferminze nur 1 mg-% und für das der Melisse 5 mg-% AS angegeben werden, so entspricht dieser niedere Gehalt nicht den Tatsachen.

Compositen. Wie die folgende statistische Auswertung der Analysenresultate der Tabelle 18 zeigt, weisen die Blätter der meisten Compositenarten — es wurden insgesamt 40 geprüft — einen geringen VC-Gehalt auf. Gemäß unseres Einteilungsverfahrens liegt das Maximum in der III. Gruppe, wenn das FG als Vergleichsbasis dient. Bei Bezugnahme auf das TG fallen zwar die Hälfte der ermittelten VC-Gehalte in die IV. Gruppe, und wenn wir von dem einen Befund von *Anacyclus officinarum* (Bestimmung vom 28. 2.) absehen, läßt sich sagen, daß die Blätter der Compositen wenig bis mittelmäßig VC enthalten.

Gr.	I	II	III	IV	V.	
			Frischgewicht.			
	1	18	74	36	0	= 129 Analysen
	1 %	14 %	57 %	28 %		= 100 %
			Trockengewicht.			
	1	1	64	58	1	= 125 Analysen
	1 %	1 %	51 %	46 %	1 %	= 100 %

Da die Compositenblätter in der Regel einen hohen Wassergehalt haben, verschiebt sich das Maximum des VC-Gehaltes bei TG-Bezugnahme gegenüber dem FG-Bezug wie bei den Cruciferen in eine höhere Gruppe, während die wasserarmen Blätter der Rosaceen sich umgekehrt verhalten. Der Unterschied im VC-Gehalt der Blätter der Compositen und der Rosaceen ist aber eindeutig; diese sind cum grano salis verstanden VC-reich, jene VC-arm.

Tabelle 19.

	Frischgewicht						Trockengewicht					
Gruppe	I	II	III	IV	V	VI	I	II	III	IV	V	VI
Ranunculaceen .			1	**55**	39	5			12	42	**43**	3
Cruciferen . . .			6	**49**	42	3				27	**61**	12
Rosaceen				19	**72**	9			12	**76**	12	
Papilionaceen . .			6	**50**	44					**72**	28	
Umbelliferen . .		2	6	**63**	29			2	12	**71**	15	
Solanaceen . . .	2	8	39	**45**	6		2	4	16	**62**	16	
Labiaten		2	26	**69**	3				36	**58**	6	
Compositen . . .	1	14	**57**	28			1	1	**51**	46	1	

In Tabelle 19 sind die Prozentzahlen der Arten der auf S. 33ff. behandelten Familien, wie sie sich gemäß unserer Gruppeneinteilung hinsichtlich des VC-Gehaltes der Blätter ergeben, zusammengestellt. Die Maxima sind mit Fettdruck hervorgehoben. Unverkennbar ist es, daß bei den Ranunculaceen, Cruciferen, Rosaceen und Papilionaceen bei Bezugnahme auf das FG das Maximum in der IV. und V. Gruppe, bei den Compositen dagegen in der III. Gruppe liegt. Die Rosaceenblätter treten als die VC-reichsten hervor. Die Solanaceen- und Labiatenblätter weisen das Maximum in der III. bzw. IV. Gruppe auf. Wird das TG als Bezugseinheit gewählt, so ändert sich das Bild etwas. Die Cruciferenblätter erscheinen jetzt als die VC-reichsten, die Compositenblätter bleiben aber die VC-ärmsten.

In der Abb. 1 versuchten wir durch eine graphische Darstellung die typische Gruppenverteilung des VC-Gehaltes der Blätter zu verdeutlichen. Eindeutig unterscheiden sich z. B. die Kurven der Rosaceen und der Compositen sowie die der Ranunculaceen, Solanaceen und Labiaten. Andererseits sind die Unterschiede zwischen den Kurven der Cruciferen, Papilionaceen und Umbelliferen, wenn das FG zugrundegelegt wird, gering. Bei TG-Bezugnahme ist dagegen die Cruciferenkurve gegenüber den Kurven der Papilionaceen und Umbelliferen nach „rechts" verschoben. In der mehr oder weniger starken Transgression der Kurve kommt es besonders sinnfällig zum Ausdruck, daß im Einzelfall die Blätter einer zu einer VC-armen Familie gehörenden Art mehr an diesem Vitamin enthalten können als die Blätter einer Art, die zu einer Familie mit hohem VC-Spiegel gehört.

Daß unser statistisches Material nicht ausreichend ist, die endgültige Gestalt und Lage der Kurven festzustellen, bedarf wohl keiner besonderen Betonung. Als eine gesicherte Tatsache betrachten wir es aber, daß die Höhe des VC-Spiegels für die einzelnen Familien charakteristisch ist, die eine Familie also mehr, die andere weniger zur VC-Bildung neigt. Dies ist Ausdruck des Genotypus. Ebenso wie es Familien mit Blättern gibt, die bevorzugt Zucker, andere dagegen Stärke als Assimilationsprodukt anhäufen, treten uns Blätter mit hohem, andere mit niederem VC-Spiegel entgegen. Dieses Resultat und der Vergleich mit der Bildung der Stärke oder des Assimilationszuckers bestärkt uns in der Auffassung, daß das VC selbst als ein Produkt des Stoffwechsels aufzufassen ist. Auf diese Frage wird im Zusammenhang mit anderen Ergebnissen unserer Untersuchungen einzugehen sein.

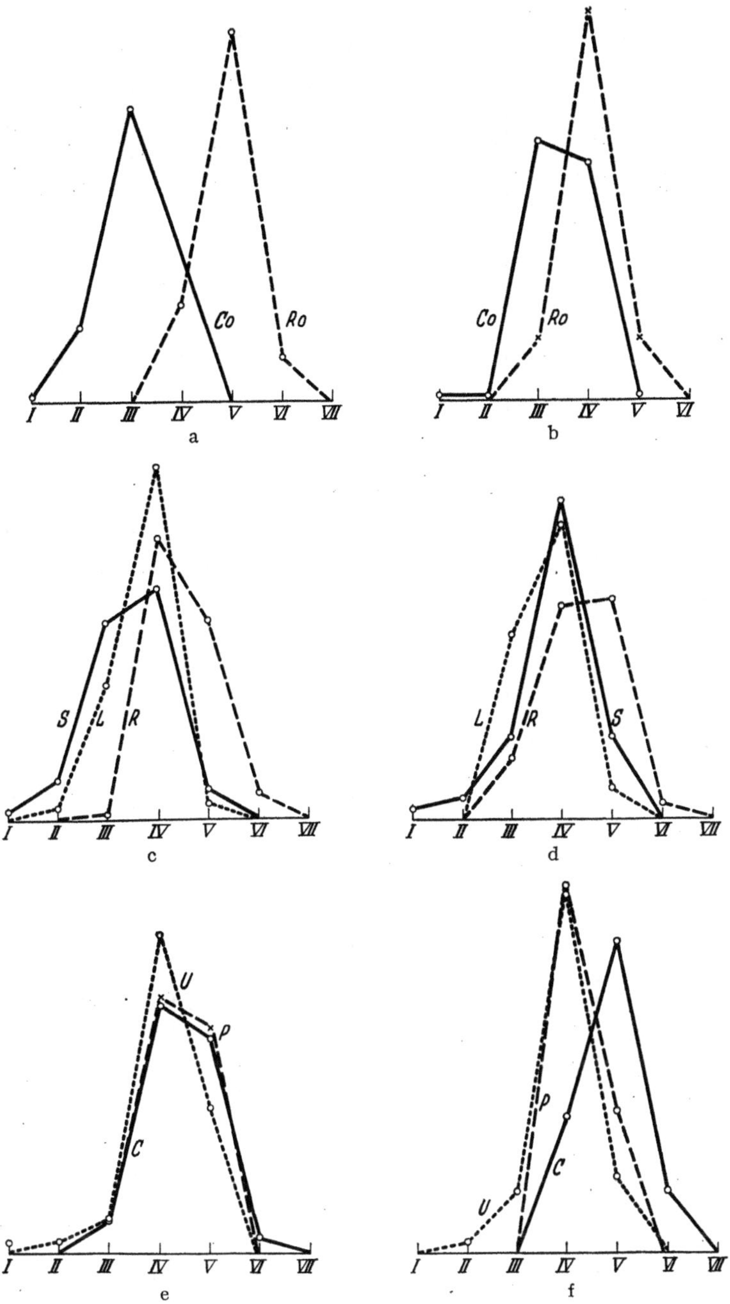

Abb. 1a—f. Relative Häufigkeit des VC-Gehaltes verschiedener Pflanzenfamilien gemäß der S. 32 vorgenommenen Gruppeneinteilung. Kurven links beziehen sich auf das Frisch-, Kurven rechts auf das Trockengewicht. *Co* Compositen, *Ro* Rosaceen, *S* Solanaceen, *L* Labiaten, *R* Ranunculaceen, *C* Cruciferen, *U* Umbelliferen, *P* Papilionaceen.

Tabelle 20.

	Datum		FG		TG %	TG mg-% VC		
			mg-% AS	mg-% VC				
Betula alba	15. 7.	Blätter	260	300	43,3	694	V	IV
	15. 8.	,,	288	312	37,0	843	V	IV
	25. 4. u.	Löhner,	32 u.					
	23. 7.	Blätter	175					
		v. Wendt	360					
		Strohecker	238					
Juglans regia	16. 5.	Blätter	800	961	23,2	4150	VII	VII
	27. 6.	,,	610	882	36,7	2410	VII	VI
	10. 7.	Löhner, Blätter	9					
Cannabis sativa ♀	16. 8.	Blattfiedern	276	426	33,4	1270	VI	V
♂	16. 8.	,,	252	426	35,4	1200	VI	V
♀		Neubauer, Blätter	20			68		
♂		,,	18			67		
Boehmeria platanifolia var. tricuspidata	19. 4.	Blätter	98	190	22,0	864	IV	IV
	19. 6.	,,	159	189	28,0	675	IV	IV
	30. 7.	,,	137	174	32,1	543	IV	IV.
	27. 8.	,,	41	62	30,2	206	III	II
	23. 8.	,,	57	82	37,2	220	III	II
	29. 8.	,,	10*	44	35,5	123	II	I
	25. 9.	,,	118	126	31,2	404	IV	III
	10. 10.	,,	67	172	37,3	461	IV	III
	10. 10.	,,	83	173	34,0	508	IV	IV
Parietaria officinalis	5. 3.	,,	52	69	14,1	491	III	IV
	1. 5.	,,	174	228	24,2	945	V	IV
	1. 5.	,,	42	108	14,3	757	IV	IV
	28. 8.	,,	37	160	29,0	553	IV	IV
	28. 8.	,,	2*	61	17,5	345	III	III
	30. 8.	,,	71	91	17,7	511	III	IV
Urtica dioica	1. 3.	,,	162	204	23,9	854	V	IV
	19. 3.	,,	177	201	19,8	1017	V	V
	26. 4.	,,	196	277	24,5	1135	V	V
	26. 4.	,,	145	234	23,9	974	V	IV
	22. 5.	,,	94	171	24,7	693	IV	IV
	28. 8.	,,	18*	141	27,0	523	IV	IV
	9. 10.	,,	159	194	20,2	962	IV	IV
	27. 10.	,,	95	215	26,4	815	V	IV
	14. 11.	,,	21	145	25,4	572	IV	IV
	14. 11.	,,	8	144	22,6	636	IV	IV
		Droese u. Bramsel	50					
		Esdorn	20					
Urtica urens	3. 11.	Blätter	73	126	17,6	717	IV	IV
		Madaus, Kraut	13					
	15. 4.	Löhner, Kraut	16					

Tabelle 20. (Fortsetzung.)

	Datum		FG mg-% AS	FG mg-% VC	TG %	TG mg-% VC		
Viscum album	13. 1.	Blätter	160	206	46,7	441	V	III
	22. 3.	,,	221	265	41,4	640	V	IV
	19. 6.	,,	27	50	27,3	184	III	II
	21. 6.	,,	76	102	27,9	367	IV	III
	22. 9.	MOLDTMANN	64					
Polygonum bistorta	24. 8.	Blätter	57	146	21,9	668	IV	IV
Rheum officinale	6. 7.	,,	212	232	16,8	1380	V	V
	3. 6.	LÖHNER, Blätter	176					
Rheum Rhaponticum	17. 7.	Blätter	111	128	12,0	1070	IV	V
Rumex acetosa	4. 9.	,,	58	103	11,2	918	IV	IV
		ESDORN	20 bis 23					
		DROESE u. BRAMSEL	30					
		SCHUPHAN	32					
		RUDOLPH	20 bis 24					
Rumex alpinus	5. 3.	Blätter	140	172	17,7	978	IV	IV
	8. 5.	,,	169	199	15,4	1300	IV	V
	28. 7.	,,	29	95	24,2	394	III	III
	4. 9.	,,	68	120	14,1	849	IV	IV
	26. 9.	,,	75	90	10,6	849	III	IV
	2. 5.	MOLDTMANN, Blätter	216					
Rumex hydrolapathum	12. 9.	Blätter	108	131	16,1	813	IV	IV
Blitum sp.	11. 9.	,,	127	163	15,0	1088	IV	V
Chenopodium album	24. 8.	,,	139	157	22,2	708	IV	IV
	6. 6.	LÖHNER, Blätter	78					
Chenopodium Bonus Henricus	30. 4.	Blätter	204	230	19,0	1210	V	V
	23. 8.	,,	160	218	24,0	905	V	IV
	3. 6.	LÖHNER	3					
Epiphyllum truncatum	6. 9.	SPROSSE	16	35	8,0	434	II	III
Saponaria officinalis	30. 8.	Blätter	317	375	30,2	1240	V	V
	14. 11.	,,	240	276	21,2	1310	V	V
	10. 5.	LÖHNER, Kraut	83					
Euphorbia cyparissias	3. 8.	Blätter	229	275	28,4	969	V	IV
	3. 6.	MADAUS, ganze Pflanze	40					
	7. 5.	LÖHNER, Kraut	79					
		NEUBAUER, Blätter	89 bis 171					

Tabelle 20. (Fortsetzung.)

	Datum		FG mg-% AS	FG mg-% VC	TG %	TG mg-% VC		
Euphorbia helioscopia	4. 8.	Blätter	94	107	11,4	941	IV	IV
Mercurialis annua ♀	10. 8.	„	223	306	17,6	1760	V	V
♂	10. 8.	„	181	251			V	
♀	31. 10.	„	224	260	21,1	1230	V	V
♂	31. 10.	„	245	248	20,2	1230	V	V
	15. 12.	„	199	217	20,3	1070	V	V
	5. 8.	MADAUS, Kraut	21					
Ricinus communis	24. 8.	Blätter	175	273	26,6	1024	V	V

Andere Familien. Wenn wir außer den Familien, von denen uns eine größere Artenanzahl zur Verfügung stand, auch noch Blätter von artenarmen Familien untersuchten, so wollten wir damit vor allem extrem VC-reiche und VC-arme Blätter aufspüren. Es muß allerdings im Auge behalten werden, daß die Einzelfälle nicht als auch für den VC-Spiegel der ganzen Familie gültig angesehen werden dürfen.

Aus den Tabellen 20—25 lassen sich keine gültigen Regeln ableiten. Mehrere interessante Einzeltatsachen seien kurz hervorgehoben:

Der VC-Gehalt der Blätter männlicher und weiblicher Exemplare dioecischer Pflanzen (*Cannabis sativa* und *Mercurialis annua*) erwies sich als nicht verschieden. BURGEFF und SEYBOLD (1927) haben bereits früher zwischen männlichen und weiblichen Individuen keine stärkere „Reduktionskraft" festgestellt. Eine biochemische Verschiedenheit der Geschlechter hinsichtlich des VC-Gehaltes der Blätter besteht offensichtlich nicht.

Besonderes Interesse erweckt der Befund, daß es bei den Gentianaceen, Apocynaceen und Asclepiadaceen Arten gibt, deren Blätter einen relativ niederen und solche, deren Blätter einen sehr hohen VC-Spiegel haben, und dieser Befund offensichtlich mit der Amylophyllie und Saccharophyllie im Zusammenhang steht. A. MEYER (1885) hat bereits auf den Befund hingewiesen, daß in den genannten Familien die Blätter der einen Art viel, die anderen wenig oder gar keine Stärke als Assimilationsprodukt aufweisen. Bei einer Gegenüberstellung (Tabelle 26) tritt eine

Tabelle 21.

	Datum		FG mg-% AS	FG mg-% VC	TG %	TG mg-% VC		
Aristolochia clematitis	8. 5.	Blätter	130	211	18,2	1160	V	V
	29. 6.	,,	93*	227	27,5	827	V	IV
	5. 6.	Madaus, Kraut	136					
Asarum europaeum	6. 9.	Blätter	15*	87	17,9	484	III	III
	12. 9.	,,	25	73	24,9	293	III	III
	6. 11.	,,	31	87	23,1	378	III	III
	21. 6.	Madaus, blüh. Kraut	165					
	10. 4.	Löhner, Blätter	18					
Bocconia cordata	8. 9.	Blätter	99	233	27,0	865	V	IV
Chelidonium majus	16. 2.	,,	76	113	17,7	638	IV	IV
	2. 3.	,,	194	218			V	
	7. 6.	,,	92	118	16,3	725	IV	IV
	24. 7.	,,	52	101	15,4	655	IV	IV
	3. 11.	,,	90	110	17,8	618	IV	IV
	15. 11.	,,	66	95	11,7	801	III	IV
	29. 4. 4. 6. u.	Madaus, ganze Pflanze	60 u. 19					
	16. 4.	Löhner	37					
	25. 5.	Moldtmann	123					
Corydalis lutea	8. 9.	Blattfiedern	84	191			IV	
Eschscholtzia californica	8. 9.	Blätter	154	177	16,4	1080	IV	V
Glaucium flavum	8. 3.	,,	114	156	15,4	1013	IV	V
	8. 9.	,,	57	122	18,3	666	IV	IV
	12. 9.	,,	59	80	15,4	517	III	IV
Papaver rhoeas	16. 5.	Blätter	100	150	17,9	838	IV	IV
	10. 7.	Löhner, Blätter	10					
Papaver somniferum	17. 7.	Blätter	67	138	17,4	792	IV	IV
	18. 11.	,,	44	96	30,7	312	III	III
Reseda lutea	18. 9.	,,	82	108	16,3	664	IV	IV
Hypericum perforatum	28. 6.	,,	289	346	30,4	1140	V	V
	28. 5. u. 21. 6.	Löhner, Blätter	6 u. 17					
Ribes nigrum	28. 7.	Blätter	134	240	36,7	655	V	IV
		v. Wendt, Blätter	230					
	7. 5. u. 19. 7.	Löhner, Blätter	79 bis 237					
Daphne mezereum	26. 6.	Blätter	319	336	24,2	1390	V	V
	13. 6.	Madaus, Blätter	117					

Tabelle 21. (Fortsetzung.)

	Datum		FG mg-% AS	FG mg-% VC	TG %	TG mg-% VC		
Elaeagnus angustifolia	24. 9.	Blätter	282	341	46,4	735	V	IV
Hippophaë rhamnoides	30. 8.	,,	140	330	42,5	774	V	IV
	3. 9.	,,	351	416	52,6	792	VI	IV
	22. 11.	,,	125	192	39,7	483	IV	III
	8.	LÖHNER, Blätter	150					
Shephardia argentea	5. 9.	Blätter	336	390	45,6	856	V	IV
Oenothera biennis	3. 7.	,,	184	199	16,6	1200	IV	V
Althaea officinalis	28. 6.	,,	107	133	28,0	474	IV	III
	18. 7.	,,	97	191	31,3	609	IV	IV
	5. 7.	LÖHNER, Kraut	5					
Althaea rosea	21. 6.	Blätter	102	140	24,5	573	IV	IV
Tropaeolum majus	3. 7.	,,	338	384	23,0	1670	V	V
	14. 7.	,,	196	375	23,4	1610	V	V
	28. 9.	,,	160	313	13,6	2310	V	VI
	12. 10.	,,	248	382	17,4	2200	V	VI
	30. 10.	,,	191	326	15,8	2060	V	VI
	30. 10.	,,	100	294	22,3	1320	V	V
	1. 7. u. 3. 10.	LÖHNER, Blätter	149 u. 68					
	31. 3. u. 28. 10.	NEUBAUER, Blätter	180 u. 33					
Ruta graveolens	6. 7.	Blätter	281	392	22,4	1750	V	V
	2. 11.	,,	286	322	21,5	1500	V	V
	12. 6. u. 5. 7.	LÖHNER,	376 u. 92					
Ilex aquifolium	15. 1.	Blätter	42	167	45,4	368	IV	III
Evonymus europaeus	6. 7.	,,	325	385	33,5	1150	V	V
	23. 7.	LÖHNER,	148					
Rhamnus cathartica	14. 6.	Blätter	795					
	28. 9.	,,	903	1097	32,9	3340	VII	VI
	14. 5. bis 23. 7.	LÖHNER	472 bis 862					
Rhamnus frangula	23. 4.	Blätter	795	859	26,2	3280	VII	VI
	5. 7.	,,	747					
	28. 9.	,,	553	558	28,4	1960	VI	V
	14. 5. u. 16. 5.	LÖHNER	1012 686					
Hedera helix	14. 11.	Blätter	57	163	40,0	407	IV	III
	1. 9.	MOLDTMANN	20					

Tabelle 22.

	Datum		FG mg-% AS	FG mg-% VC	TG %	TG mg-% VC		
Anagallis arvensis	13. 10.	Blätter	231	250	15,4	1620	V	V
Cyclamen europacum	6. 9.	,,	97	150	16,0	938	IV	IV
Lysimachia vulgaris	6. 9.	,,	157	256	32,2	795	V	IV
Primula officinalis	19. 2.	,,	377	414	17,2	2410	VI	VI
	30. 8.	,,	480	536	27,3	1960	VI	V
	9. 4. u. 23. 4.	LÖHNER, Blätter	105 u. 492					
		MADAUS, blüh. Kraut	56					
Samolus Valerandi	11. 9.	Blätter	20	37	9,6	382	II	III
Erica carnea	12. 1.	,,	133	182	34,6	525	IV	IV
	6. 3.	,,	165	208	40,1	509	V	IV
	19. 6.	,,	108	121	31,8	382	IV	III
	19. 6.	,,	103	123	36,7	336	IV	III
Convolvulus arvensis	18. 7.	,,	86	117	20,3	578	IV	IV
	7. 6. u. 28. 6.	LÖHNER	0 u. 27					
Anchusa italica	3. 7.	Blätter	37	59	12,8	461	III	III
Borrago officinalis	20. 6.	,,	45	83	14,3	582	III	IV
	17. 10.	,,	15	69	8,8	788	III	IV
		WACHHOLDER	35 bis 40					
		DROESE u. BRAMSEL	38					
	16. 5. u. 5. 7.	LÖHNER, Blätter	4—5					
Lithospermum officinale	28. 6.	Blätter	79	136	27,9	486	IV	III
Symphytum officinale	20. 6.	,,	33	97	20,1	482	III	III
	15. 4. u. 22. 4.	LÖHNER, Blätter	8 u. 7					
Digitalis purpurea	21. 4.	Blätter	89	159	17,7	900	IV	IV
	4. 9.	,,	25	173	13,9	1240	IV	V
	5. 9.	,,	75	161	23,8	676	IV	IV
	5. 12.	,,	23	92	19,5	470	III	III
	14. 6. u. 20. 6.	MADAUS, Blätter	8 u. 78					
	16. 5.	MOLDTMANN, Blätter	23					
Linaria cymbalaria	2. 7.	Blätter	54	65	9,3	696	III	IV

Tabelle 22. (Fortsetzung.)

	Datum		FG mg-% AS	FG mg-% VC	TG %	TG mg-% VC		
Scrophularia nodosa	4. 5.	Blätter	253	279	15,0	1855	V	V
	6. 5. u. 15. 5.	LÖHNER, Blätter	7 u. 149					
	16. 5.	MOLDTMANN, Blätter	194					
Verbascum thapsiforme	8. 3.	Blätter	67	89	22,2	399	III	III
	18. 7.	,,	37	107	20,2	531	IV	IV
	8. 4.	LÖHNER, Blätter	5					
	20. 10.	MOLDTMANN, Blätter	20					
Veronica beccabunga	10. 10.	Blätter	26	48	9,6	495	II	III
	21. 5. u. 31. 10.	LÖHNER, Blätter	26 u. 5					
Veronica Tournefortii	21. 11.	Blätter	38	60	14,4	420	III	III
Verbena officinalis	18. 7.	Blätter	83	132	25,0	528	IV	IV
	13. 6.	LÖHNER, Kraut	0					
	11. 7.	MADAUS	20					
Amsonia augustifolia	26. 6.	Blätter	376	438	34,9	1260	VI	V
Amsonia taberna-montana	26. 6.	,,	312	361	31,8	1140	V	V
Nerium oleander	27. 6.	,,	32	68	34,9	196	III	II
Vinca minor	26. 6.	,,	94	138	31,7	434	IV	III
	5. 6.	MADAUS, Kraut	67					
Asclepias cornuti	26. 9.	Blätter	599	660	20,2	3260	VI	VI
Asclepias syriaca	29. 5.	,,	638	685	17,0	4030	VI	VII
Vincetoxicum officinale	25. 6.	,,	276	283	22,2	1270	V	V
	24. 6.	LÖHNER, Kraut	263					
Syringa vulgaris	24. 4.	Blätter	84	176	23,9	737	IV	IV
	17. 7.	,,	5	112	32,7	341	IV	III
	9. 5.	LÖHNER, Blätter	26					
Galium verum	16. 2.	Sproßspitzen	152	179	18,6	959	IV	IV
	6. 6. u. 21. 6.	LÖHNER, Kraut	110 u. 26					

Tabelle 22. (Fortsetzung.)

	Datum		FG mg-% AS	FG mg-% VC	TG %	TG mg-% VC		
Sambucus nigra	19. 3.	Blattfiedern	228	248	19,9	1250	V	V
	4. 6.	,,	232	282	23,3	1210	V	V
	16. 4.	LÖHNER, Blätter	11					
Valeriana alliariaefolia	21. 3.	Blätter	141	180	21,7	830	IV	IV
Dipsacus silvester	25. 9.	,,	46	126	14,8	851	IV	IV
Scabiosa columbaria	21. 9.	,,	56	88	12,8	686	III	IV
Cucurbita pepo	17. 7.	,,	67	119	18,3	651	IV	IV
Cucumis sativus	3. 7.	,,	125	147	14,0	1050	IV	V
		v. WENDT	260					
		LÖHNER	8					
Plantago lanceolata	21. 2.	Blätter	41	97	25,4	381	III	III
	17. 4.	,,	19	82	16,8	490	III	III
	29. 8.	,,	15	60	17,6	340	III	III
	18. 9.	,,	14	74	13,4	553	III	IV
	6. 11.	,,	28	74	19,4	381	III	III
	19. 4.	LÖHNER, Blätter	4					
	18. 6. u. 31. 6.	MADAUS, Kraut und blüh. Kraut	14 u. 167					
Plantago major	11. 9.	Blätter	14	45	14,9	304	II	III
	18. 9.	,,	1*	43	13,0	333	II	III
	30. 4.	LÖHNER, Kraut	4					
Blackstonia perfoliata	30. 8.	Blätter	97	109	17,0	645	IV	IV
Erythraea centaurium	2. 9.	,,	182	185			IV	
Gentiana lutea	18. 4.	,,	194	242	14,8	1640	V	V
	21. 6.	,,	392	496	21,5	2300	VI	VI
	19. 6. u. 5. 9.	LÖHNER, Blätter	52 u. 340					
Menyanthes trifoliata	20. 4.	Blätter	93	166	17,4	956	IV	IV
	23. 5.	,,	100	177	17,8	991	IV	IV
	21. 6.	,,	141	207	20,7	1000	V	IV
	22. 6.	,,	43*	150	21,4	702	IV	IV
	21. 5. u. 15. 8.	LÖHNER, Blätter	22 u. 8					
	18. 6.	MADAUS, Kraut	7					

Tabelle 23.

	Datum		FG mg-% AS	FG mg-% VC	TG %	TG mg-% VC		
Allium ursinum	9. 3.	Blätter	89	105	12,0	874	IV	IV
	21. 3.	,,	146	153	14,6	1050	IV	V
	30. 5.	,,	87	92	9,5	974	III	IV
	5.4. u. 21. 6.	LÖHNER, Kraut	114 u. 8					
Colchicum autumnale	19. 4.	Blätter	268	309	16,4	1880	V	V
	15. 4.	LÖHNER, Blätter	3					
Convallaria majalis	25. 4.	Blätter	145	184	18,1	1015	IV	V
	25. 4.	,,	73	108	18,6	582	IV	IV
	29. 6.	,,	119	205	27,9	734	V	IV
		MADAUS, Blätter	71—117					
		LÖHNER, Kraut	17					
		MOLDTMANN	98—252					
Majanthemum bifolium	12. 5.	Blätter	214	250	24,9	1006	V	V
Polygonatum officinale	16. 5.	,,	197	234	17,2	1360	V	V
Tulipa dasystemon	6. 3.	,,	95	104	16,6	709	IV	IV
Tulipa Eichleri	6. 3.	,,	116	123	12,3	1000	IV	IV
	15. 5.	BUKATSCH	90					
Tulipa Kaufmanniana	6. 3.		88	105	11,2	936	IV	IV
	22. 3.	BUKATSCH	64					
Tulipa silvestris	5. 3.	Blätter	112	128	15,5	829	IV	IV
Clivia nobilis	2. 3.	,,	28	42	18,8	225	II	IV
	21. 3.	BUKATSCH	64					
Narcissus poeticus	20. 3.	Blätter, oberer Teil	135	152	14,5	1050	IV	V
	20. 3.	mittlererTeil	82	90	10,2	882	III	IV
	20. 3.	unterer Teil	47	50	9,6	522	II	IV
	14. 5.	BUKATSCH	118					
Gladiolus sp.	10. 6.	Blätter	377	394	13,9	2830	V	V
		MADAUS	440—1086					
		LÖHNER	184—818					
		MERCK	240—970					
		STEPP, KÜHNAU, SCHROEDER	750—800					
		BUKATSCH	518					
		MOLDTMANN	360					
Gladiolus gandavensis	6. 9.	Blätter	806	828	25,1	3300	VII	VI
	8. 9.	,,	1101	1104	30,2	3650	VII	VI
		FUJITA u. EBIHARA		1055			VII	

Tabelle 23. (Fortsetzung.)

	Datum		FG mg-% AS	FG mg-% VC	TG %	TG mg-% VC		
Iris germanica	5. 2.	Blätter	219	230	18,5	1240	V	V
	13. 6.	,,	337	361	16,3	2220	V	VI
		MADAUS	216—646					
		LÖHNER	174—580					
Saccharum officinarum	28. 7.	Blätter	31	57	24,6	233	III	II
Zea mays	3. 10.	,,	98	160	19,5	821	IV	IV
		MOLDTMANN	68					
Arum maculatum	27. 2.	Blätter	232	247	20,1	1230	V	V
	10. 4.	LÖHNER, Blätter	175					
Typha latifolia	14. 6.	Blätter	97	104	24,3	426	IV	III
	19. 6.	,,	100	133	24,2	549	IV	IV
	22. 6.	,,	109	138	38,1	308	IV	III
	30. 6.	,,	80	124	27,2	455	IV	IV
	31. 5.	LÖHNER	9					

Tabelle 24.

	Datum		FG mg-% AS	FG mg-% VC	TG %	TG mg-% VC		
Cunninghamia sinensis	13. 1.	Nadeln	81	136	46,9	289	IV	III
Juniperus communis ♀	12. 1.	,,	221	256	50,1	510	V	IV
Picea excelsa	20. 4.	junge Nadeln	93	105	14,0	747	IV	IV
	20. 4.	vorjährige Nadeln	176	200	53,6	373	IV	III
	21. 7.	diesjährige Nadeln	103	119	39,1	304	IV	III
	14. 12.	diesjährige Nadeln	197	218	43,2	503	V	IV
	21. 3.	LÖHNER, Nadeln	105					
	19. 6.	LÖHNER, Nadeln	13					
		SCHEUNERT u. RESCHKE	158—173					
Pinus silvestris	21. 7.	diesjährige Nadeln	85	109	34,8	315	IV	III
	13. 12.	diesjährige Nadeln	202	220	43,1	511	V	IV
	21. 3.	SCHEUNERT u. RESCHKE (max.)	282					

Tabelle 25.

	Datum		FG		TG %	TG mg-% VC		
			mg-% AS	mg-% VC				
Aspidium montanum	25. 9.	Blattfiedern	84	114			IV	
Aspidium spinulosum	26. 9.	,,	63	156	28,9	540	IV	IV
Osmunda regalis	27. 9.	,,	56	134	28,4	472	IV	III
Polypodium vulgare	2. 10.	,,	93	162	25,2	645	IV	IV
Pteridium aquilinum	25. 9.	,,	257	328	31,3	1050	V	V
Scolopendrium vulgare	26. 9.	Blätter	49	94	23,5	401	III	III
Selaginella Martensi	20. 10.	Blattfiedern	11	46	17,6	262	III	III
Polytrichum commune	4. 10.	Blättchen	102	134	52,8	254	IV	III

Tabelle 26.

	FG	TG	Stärkegehalt nach MEYER und eigene Beobachtung
Erythraea centaureum	IV		reichlich
Blackstonia perfoliata	IV	IV	reichlich
Menyanthes trifoliata	IV	IV	mäßig
Gentiana lutea	VI	VI	sehr wenig
Nerium oleander	III	II	viel
Vinca minor	IV	III	viel
Amsonia angustifolia	VI	V	äußerst wenig
Amsonia tabernamontana	V	V	äußerst wenig
Vincetoxicum officinale	V	V	reichlich
Asclepias cornuti	VI	VI	völlig stärkefrei
Asclepias syriaca	VI	VI	völlig stärkefrei

gewisse Parallelität deutlich in Erscheinung: Die VC-reichen Blätter sind relativ stärkearm, die VC-armen dagegen stärkereich. Mit dieser Frage werden wir uns in einer anderen Abhandlung beschäftigen. Nach MEYER erweisen sich die Blätter von *Asclepias cornuti* stets stärkefrei. Wir können das bestätigen und hinzufügen, daß sich die Blätter von *Asclepias syriaca* ebenso verhalten. Ist es nicht auffallend, daß die stärkefreien Blätter dieser beiden Arten einen außerordentlich hohen VC-Spiegel haben? Nach unserem Ein-

Tabelle 27.

	Datum		FG mg-% AS	FG mg-% VC	TG %	TG mg-% VC		
Brassica oleracea f. acephala Grün- oder Blätterkohl	30. 11.	Blätter	93	117	16,5	711	IV	IV
	1. 12.	,,	102	119	17,2	695	IV	IV
	9. 1.	,,	118	132	19,7	704	IV	IV
	29. 11.	Löhner	59					
		Scheunert	112—164					
		Droese u. Bramsel	87					
		Wachholder	109—170					
		Rudolph	35—155					
		Schuphan	102					
Brassica oleracea f. capitata Kopfkohl oder Weißkraut	7. 9.	grüne Außenblätter	36	50	5,0	1012	II	V
	7. 9.	hellgrüne Innenblätter	40	52	6,2	832	III	IV
	14. 11.	grünliche Außenblätter	34	43	9,3	462	II	III
	14. 11.	gelbe Innenblätter	32	44	7,6	572	II	IV
		Löhner	6—29					
		Scheunert	20—24					
		Droese u. Bramsel	50					
		Wachholder	60—70					
		Rudolph	8—40					
		Schuphan	43					
		v. Wendt	60					
		Stepp, Kühnau u. Schroeder	20—40					
Brassica oleracea f. sabauda Wirsing	13. 1.	grüne u. gelbe Blätter	42	88	9,9	890	III	IV
		Löhner	8—51					
		Merck, Tillmann u. Mitarbeiter	9—105					
		Droese u. Bramsel	42					
		Wachholder	31—90					
		Schuphan	54					
		Stepp, Kühnau u. Schroeder	25—50					
Brassica oleracea f. gemmifera Rosenkohl	7. 9.	Blätter	145	195	15,0	1370	IV	V
	12. 12.	Röschen	126	151	14,9	1014	IV	V
	18. 1.	Blätter	126	157			IV	
	18. 1.	Röschen	109	134			IV	
		Löhner, Röschen	47—70					
		Löhner, Blätter	52					
		Scheunert	70—125					

Tabelle 27. (Fortsetzung.)

	Datum		FG mg-% AS	FG mg-% VC	TG %	TG mg-% VC		
Brassica oleracea f. gemmifera Rosenkohl		Droese u. Bramsel	15					
		Wachholder	33—100					
		Rudolph	50—123					
		Schuphan	53—132					
		Olliver	90—146					
Brassica oleracea f. gongylodes Kohlrabi	7. 9.	Blätter	103	179	12,8	1390	IV	V
	13. 9.	„	132	199	18,9	1050	IV	V
	13. 9.	Knolle	79	92	8,2	1120	III	V
		Löhner, Blätter	26—51					
		Löhner, Knolle	38—69					
		Merck, Tillmann u. Mitarbeiter, Blätter	120—175					
		v. Wendt, Blätter	165					
		Scheunert, Knolle	64—108					
		v. Wendt	20—40					
		Droese u. Bramsel	50					
		Rudolph	20—78					
		Schuphan,						
		Blätter	52					
		Knolle	49					
Brassica oleracea f. botrytis Blumenkohl	7. 9.	Blätter	118	201	15,6	1280	V	V
	13. 9.	„	142	185	16,9	1090	IV	V
	13. 9.	„Blume"	149	175			IV	
	16. 1.	Blätter	101	141	16,5	854	IV	IV
	16. 1.	Blume	114	125	13,2	949	IV	IV
		Löhner,						
		Blätter	23					
		Blume	73					
		v. Wendt,						
		Blätter	145					
		Blume	55—125					
		Rudolph	50—125					
		Stepp, Kühnau u. Schroeder	50—70					
		Schuphan, Blume	45					
Brassica sinensis Chinakohl	7. 9.	Blätter	102	148	10,3	1440	IV	V
	29. 11.	Löhner	25					
		Droese u. Bramsel	40					
Brassica rapa Kohlrübe	7. 9.	Blätter	129	186	15,1	1230	IV	V

Tabelle 27. (Fortsetzung.)

	Datum		FG mg-% AS	FG mg-% VC	TG %	TG mg-% VC		
Cochlearia	4. 7.	Blätter	595	626	23,9	2620	VI	VI
armoracea	6. 7.	,,	321	431	19,0	2260	V	VI
Meerrettich	11. 9.	,,	361	393	16,5	2380	V	VI
	7. 8. u. 10. 6.	LÖHNER, Blätter	83 u. 281					
Lepidium	13. 9.	Keimpflanzen	76	91	8,2	1100	III	V
sativum		MADAUS	61					
Kresse		DROESE u. BRAMSEL	55					
		WACHHOLDER	20—160					
		LÖHNER	9—33					
Raphanus	14. 10.	Blätter	51	74	8,2	894	III	IV
sativus	1. 11.	Radies	67	80	8,3	965	III	IV
		FUJITA u. EBIHARA	36—96					
Daucus carota	1. 8.	Blattfiedern	126	147	20,1	735	IV	IV
	29. 8.	,,	78	201	22,2	907	V	IV
	2. 11.	,,	112	169	18,6	904	IV	IV
		LÖHNER	14—27					
		v. WENDT	140					
Petroselinum	16. 3.	Blattfiedern	341	370	26,3	1410	V	V
sativum	27. 7.	,,	361	466	20,0	1790	VI	V
Petersilie	12. 10.	,,	408	472	24,5	1930	VI	V
einfache	17. 10.	,,	222	370	25,4	1460	V	V
Form	15. 11.	,,	242	306	22,1	1380	V	V
	10. 11.	Primärblätter, Gewächshaus	179	193	14,7	1310	IV	V
krause	4. 9.	Blattfiedern	304	332	31,8	1042	V	V
Form		LÖHNER	60—162					
		WACHHOLDER	380					
		v. WENDT	210					
		STEPP, KÜHNAU u. SCHROEDER	100—200					
		SCHUPHAN	235					
Valerianella	20. 2.	Blätter	132	150	11,8	1270	IV	V
olitaria	29. 11.	,,	81	100	10,3	965	III	IV
Feldsalat	7. 12.	,,	98	118	11,8	1000	IV	IV
	26. 10.	,,	93	100	11,4	877	III	IV
	30. 11.	,, Holländer Sorte	63	68	9,1	746	III	IV
		LÖHNER	5—48					
		WACHHOLDER	25—60					
		MERCK, TILLMANN u. Mitarbeiter	19—30					
		STEPP, KÜHNAU u. SCHROEDER	20					
		SCHUPHAN	56					

Tabelle 27. (Fortsetzung.)

	Datum		FG mg-% AS	FG mg-% VC	TG %	TG mg-% VC		
Lactuca sativa var. capitata Kopfsalat	1. 6.	Blätter, grün	14	27	5,0	544	II	IV
	29. 6.	Blätter, grün	8	43	9,1	477	II	III
	21. 9.	Blätter, grün	15	43	7,7	553	II	IV
	21. 9.	Blätter, gelb	11	26	7,6	342	II	III
		LÖHNER, grün	13					
		gelb	5					
		WACHHOLDER, grün	1—10					
		gelb	17—25					
		v. WENDT	18					
		SCHUPHAN	10					
Lactuca sativa var. longifolia	20. 9.	Blätter	31	52	6,4	810	III	IV
Lactuca sativa var. crispa Endivie	18. 9.	Blätter, grün	32	58	9,2	634	III	IV
	6. 11.	Blätter	22	39	8,6	461	II	III
		RUDOLPH	5—10					
		DROESE u. BRAMSEL	13					
		STEPP, KÜHNAU u. SCHROEDER	5—10					
		SCHUPHAN	17					
Rheum rhaponticum	19. 3.	Blätter	157	169	15,9	1065	IV	V
	19. 3.	Stiele	39	45	7,6	589	II	IV
		,, verschiedene Autoren	4—15					
Rumex acetosa	20. 2.	Blätter	80	108	11,6	933	IV	IV
	20. 2.	Stiele	45	53	8,0	661	III	IV
		LÖHNER	10—61					
		RUDOLPH	20—24					
		DROESE u. BRAMSEL	30					
		SCHUPHAN	32					
Rumex hymenosepalus	8. 3.	Blätter	105	149	17,6	849	IV	IV
	8. 3.	Stiele	37	69	14,3	484	III	III
	4. 9.	Blätter	84	178	19,0	934	IV	IV
Rumex patientia	2. 3.	,,	203	216	14,1	1540	V	V
	2. 9.	,,	241	280	17,4	1610	V	V
Beta vulgaris	31. 8.	Blätter, „Lucullus"	54	95	14,7	649	III	IV
	31. 8.	Blätter, „Silber"	41	87	13,0	666	III	IV
	31. 8.	Rotbl. Pflanze aus F_2 „Silber × ägypt."	38	104	13,4	771	IV	IV
	31. 8.	Futterrübe	42	76	13,3	572	III	IV

Tabelle 27. (Fortsetzung.)

	Datum		FG mg-% AS	FG mg-% VC	TG %	TG mg-% VC		
Beta vulgaris	31. 8.	Dippes Zuckerrübe Z	66	113	15,7	718	IV	IV
	31. 8.	Dippes Zuckerrübe E	47	84	15,3	553	III	IV
Beta vulgaris „Mangold"		Löhner	6—7					
		Droese u. Bramsel	34					
		Stepp, Kühnau u. Schroeder	10—35					
		Mathiesen	35					
		Schuphan	60					
Spinacia oleracea	22. 2.	Blätter	103	116	10,7	1090	IV	V
	28. 8.	„	87	108	14,5	745	IV	IV
	30. 11.	„	92	97	11,1	873	III	IV
		Löhner	39					
		v. Wendt	50					
		Rudolph	8—37					
		Wacholder	72—87					
		Strohecker u. Vaubel	61—110					
		Schuphan	68					
Tetragona expansa	4. 9.	Blätter	13	25	6,8	366	I	III
		Löhner	6—25					
		Schuphan	27					
Allium cepa	3. 3.	Blattspitzen	25	31	7,6	413	II	III
	3. 3.	Blattmittelteile	22	27	7,2	379	II	III
	3. 3.	Blattbasis	21	25	6,4	396	I	III
	22. 6.	Blätter	37	44	10,4	423	II	III
		Löhner	17					
		Moldtmann	13					
		v. Wendt	195					
Allium porrum	1. 9.	grüne Blattteile	23	41	10,1	406	II	III
	1. 9.	weiße Blattteile	14	24	14,9	162	I	II
	2. 11.	grüne Blattteile	90	99	11,3	872	III	IV
	2. 11.	weiße Blattteile	26	30	13,2	225	II	II
	11. 1.	grüne Blattteile	57	67	14,8	456	III	III
	11. 1.	gelbe Blattteile	27	34	14,2	236	II	II
	16. 11.	grüne Blattteile	59	70	11,4	617	III	IV
	16. 11.	weiße Blattteile	22	25	13,5	189	I	II
	5. 2.	grüne Blattteile	58	63	14,0	453	III	III

Tabelle 27. (Fortsetzung.)

	Datum		FG mg-% AS	FG mg-% VC	TG %	TG mg-% VC		
Allium porrum	5. 2.	gelbe Blatt-teile	24	29	15,8	184	II	II
		LÖHNER	2—61					
		GIROUD	10—40					
		WACHHOLDER	14—40					
		SCHEUNERT	25—28					
		SCHUPHAN	23					
Allium schoenoprasum	1. 2.	Blätter	50	57	10,3	549	III	IV
	20. 10.	,,	74	115	10,4	1100	IV	V
	10. 4.	LÖHNER	26					
		WACHHOLDER	8—35					
		RUDOLPH	50—88					
		DROESE u. BRAMSEL	40					
		STEPP, KÜHNAU u. SCHROEDER	50					

teilungsverfahren fallen die Blätter in die VI. Gruppe; bei TG-Bezugnahme fallen diejenigen von *Asclepias syriaca* sogar in die VII. Gruppe. Der Wert von 4030 mg-% TG ist der höchste von uns in Blättern gefundene Wert und wird nur von den Blättern von *Gladiolus gondavensis* (s. Tabelle 23), wenn das FG als Bezugseinheit dient, überboten. Bei TG-Bezugnahme überflügeln die Blätter von *Asclepias* die Gladiolenblätter.

Begünstigt eine bevorzugte Zuckerbildung die VC-Entstehung? Bei monokotylen Blättern glaubt MOLDTMANN (1939/40) einen linearen Zusammenhang zwischen der Glucosekonzentration und dem VC-Gehalt festgestellt zu haben. Leider hat er nur den AS- und nicht den VC-Gehalt ermittelt, so daß seine Werte mit Vorbehalt aufzunehmen sind. Wenn auch die von ihm angegebenen quantitativen Beziehungen nicht bestehen, scheint doch eine gewisse Parallelität zwischen Zucker- und VC-Gehalt vorhanden zu sein.

Untersuchungen über den VC-Gehalt in Blattgemüsen und Salaten.

Obwohl es nicht das Ziel unserer Untersuchungen war, den VC-Gehalt von Kulturpflanzen zu bestimmen, schien es uns doch geboten, wenigstens von einigen Blattgemüsen und Salatsorten den VC-Gehalt mit der von uns angewandten Methode zu ermitteln, um zu einem eigenen Urteil über die Zuverlässigkeit der bisher vorliegenden Daten zu kommen. Wir sind uns darüber im klaren, daß wir mit wenigen Stichproben kein allgemein gültiges Urteil darüber abgeben können, ob eine Kulturpflanze arm oder reich an VC ist, da bei der großen Variabilität der gebräuchlichen Sorten von vornherein mit großen Schwankungen auch hinsichtlich des VC-Gehaltes wie bei anderen Merkmalen zu rechnen war. Um den VC-Gehalt eines pflanzlichen Nahrungsmittels sicher angeben zu können, ist es notwendig, eine möglichst große Zahl von Sorten, Varietäten usw. einer Pflanzenart unter Berücksichtigung der Umweltfaktoren, des Alters der Pflanze u. dgl. zur Analyse heranzuziehen. Das ist eine Aufgabe der Pflanzenzüchtung, besonders wenn sie sich mit der Frage der Qualitätssteigerung befaßt.

Im allgemeinen kann auf Grund unserer Bestimmungen, die in Tabelle 27 zusammengestellt sind, gesagt werden, daß die Übereinstimmung mit den Werten anderer Autoren gut ist, wenn auch in Einzelfällen sich erhebliche Differenzen zeigen. In all den Fällen, in denen nur die AS und nicht das Gesamt-VC bestimmt wurde, sind die Werte mehr oder weniger unsicher, manchmal sogar eindeutig unrichtig. So erscheinen uns die in der Literatur vorliegenden Werte des Feld- und Kopfsalates allesamt zu niedrig. Bei Blättern, die reich an Oxydase sind, kann der mehr oder weniger unzuverlässige AS-Wert nicht als VC-Gehalt gelten.

Wir wollen nun in Kürze die allgemeinen Ergebnisse, die sich aus der Tabelle 27 ableiten lassen, hervorheben:

Wie wir auf S. 37 sahen, sind die Cruciferen im allgemeinen reich an VC. Dieses Verhalten kommt auch bei den Kulturpflanzen dieser Familie deutlich zum Ausdruck. Wenn bei Bezugnahme auf das FG die Mehrzahl der Kohlsorten und andere Cruciferen in die IV. Gruppe (mittlerer Gehalt) fallen, so ergibt die TG-Bezugnahme, daß annähernd die Hälfte der Werte der V. Gruppe angehört. Den Kohlsorten sind wasserreiche Blätter eigen, wie den *Lactuca*-Varietäten, die uns als Salatpflanzen dienen. Diese erscheinen nur bei Zugrundelegung des FG sehr arm an VC, was nicht wunder nimmt, sind doch die Compositen an sich arm an VC (s. S. 55). Wenn das TG gewählt wird, so reichen die höheren Werte des Kopfsalates in die IV. Gruppe (mittlerer Gehalt) hinein. Bei Blättern, die roh gegessen werden, ist der angegebene VC-Wert ernährungsphysiologisch direkt verwertbar, während dies bei Pflanzenteilen, die man nur in gekochtem Zustand verzehrt, nicht zutrifft. Wenn z. B. Petersilienblätter, die reich an VC sind

(s. Tabelle 27), 1/4 Stunde in Wasser gekocht werden, so sinkt der VC-Gehalt erheblich. Ein wesentlicher Teil des VC tritt zwar in das Kochwasser über, das aber bei längerem Kochen sich stetig verringert. Unter Hinweis auf LUNDE und andere Spezialliteratur sollen diese für die menschliche Ernährung wichtigen Fragen hier nicht weiter diskutiert werden; nur so viel sei erwähnt, daß bei Kochung mit Metaphosphorsäure der VC-Gehalt in den Blättern höher bleibt als beim Kochen in Wasser allein.

Auf einige Sonderfälle der Tabelle 27 sei noch kurz hingewiesen. Von den 3 Spinatarten: Echter Spinat *(Spinacia oleracea)*, Neuseeländer Spinat *(Tetragonia expansa)* und Ewiger oder Englischer Spinat *(Rumex patientia)* besitzt der letztere den größten VC-Gehalt, während *Tetragonia* sehr arm an VC ist. Wie unsere Analyse ergab, enthalten Mangoldblätter ungefähr so viel VC wie die Blätter von *Spinacia*. Die in der Literatur vorliegenden Werte für Mangold dürften zu niedrig sein. Brennesselblätter, die in jugendlichem Zustand einen vortrefflichen Spinatersatz darstellen, haben ungefähr den gleichen VC-Gehalt wie der Echte Spinat (s. Tabelle 20).

Ein auffallendes Ergebnis ist der geringe VC-Gehalt der Zwiebelblätter. Infolge ihres hohen Wassergehaltes reihen sie sich in die Gruppe I bzw. II ein. Aber auch bei Bezugnahme auf das TG schneiden die Zwiebelblätter schlecht ab. Vergleicht man damit die Schnittlauch- oder Lauchblätter, so muß man den geringen VC-Gehalt der Zwiebelblätter als eine charakteristische Eigenschaft ansehen. Während wir in Übereinstimmung mit mehreren anderen Forschern in Zwiebelblättern wenig VC fanden, gibt v. WENDT, dessen Resultate uns sehr zuverlässig erscheinen, 195 mg-% an. Für diese Abweichung fehlt uns eine plausible Erklärung; es erscheint uns nicht ausgeschlossen, daß verschiedene Zwiebelsorten recht erhebliche Differenzen im VC-Gehalt aufweisen. Die Pflanzenzüchtung müßte sich dieser offenen Frage besonders annehmen.

Wie schon GIROUD und LÖHNER feststellten, sind die grünen Blatteile von *Allium porrum* erheblich reicher an VC als die chlorophyllfreien weißen oder gelben. Daß der Wassergehalt dieser eher etwas geringer ist als jener, darf nicht übersehen werden. Die assimilierenden Blattgewebe sind beim Lauch reicher an VC als die chlorophyllfreien. Diese wiederholt festgestellte Tatsache tritt also auch hier auf.

Wie wichtig eine richtige Bestimmung des VC-Gehaltes von Nahrungs- und Futtermitteln ist, wenn physiologische Untersuchungen hinsichtlich des VC-Bedarfes von Mensch und Tier angestellt werden, geht z. B. aus einer jüngst erschienenen Arbeit von HÜTER (1946) hervor. In dieser Arbeit wird über die entgiftende Wirkung des VC gegenüber kropferzeugenden Substanzen berichtet und auf Grund der in der Literatur vorliegenden Angaben der VC-Gehalt von Endivie mit 3—10 mg-%, der vom Weißkraut mit 2—5 mg-% angegeben.

Unter Hinweis auf Tabelle 27 können wir sagen, daß sowohl bei der Endivie, als auch beim Weißkohl mehr VC enthalten ist, als HÜTER seinen Erörterungen zugrunde legt.

Der VC-Gehalt in Sonnen- und Schattenblättern.

Die Sonnen- und Schattenblätter eines Baumes oder Sonnen- und Schattenexemplare krautiger Gewächse weisen bekanntlich nicht nur morphologische und anatomisch-histologische Verschiedenheiten auf, sondern auch physiologische. So ist z. B. die photosynthetische Leistung beider Typen verschieden und nicht nur von dem ungleichen Gehalt an Chlorophyll, sondern auch noch von anderen, im einzelnen noch nicht näher erforschten Faktoren abhängig.

Es war zu erwarten, daß auch hinsichtlich des VC-Gehaltes sich ebenfalls Verschiedenheiten ergaben, sei es, daß man einen Einfluß des Lichtgenusses oder eine Beziehung zum Chlorophyllgehalt postuliert. Daß die Sonnenblätter einer stärkeren Bestrahlung als die Schattenblätter ausgesetzt sind, liegt auf der Hand, ob aber letztere chlorophyllreicher oder -ärmer als erstere sind, ist eine schwer zu entscheidende Streitfrage. Wenn die mit einem mächtigeren Mesophyll ausgestatteten Sonnenblätter je Flächeneinheit in der Regel mehr Chlorophyll und Karotinoide als die Schattenblätter aufweisen, so erscheinen die Schattenblätter oft pigmentreicher, wenn ein Vergleich des Frisch- oder Trockengewichtes zugrundegelegt wird (s. EGLE 1937). Aus diesem Grunde kann der VC-Gehalt vergleichbarer Sonnen- und Schattenblätter nicht befriedigend charakterisiert werden, wenn man nur die Bezugnahme auf das Frisch- oder Trockengewicht vornimmt, vor allem, wenn man die VC-Bildung als eine Funktion der Lichtabsorption betrachtet. In diesem Falle ist der Angabe des auf die Flächeneinheit bezogenen VC-Gehaltes der Blätter der Vorzug zu

Tabelle 28.

		Datum	FG mg-% VC	TG%	TG mg-% VC
Fagus silvatica	Sonnenblätter eben entfaltet	23. 4.	298	26,9	1110
	Schattenblätter eben entfaltet	23. 4.	259	25,6	1011
	Sonnenblätter	21. 6.	335	45,2	739
	Schattenblätter	21. 6.	206	38,6	535
	Sonnenblätter	29. 6.	335	47,8	700
	Schattenblätter	29. 6.	173	36,2	479
	Sonnenblätter	30. 6.	355	49,2	720
	Schattenblätter	30. 6.	293	52,3	560
	Sonnenblätter	28. 9.	335	43,9	762
	Schattenblätter	28. 9.	115	35,9	321
	gelbe Sonnenblätter	23. 10.	185	37,1	498
	gelbe Schattenblätter	23. 10.	126	32,5	386
Acer platanoides	Sonnenblätter	25. 9.	224	39,6	564
	Schattenblätter	25. 9.	92	34,1	269
	gelbe Sonnenblätter	23. 10.	80	43,4	185
	Sonnenblätter	26. 10.	148	41,7	356
	gelbe Sonnenblätter	26. 10.	76	44,5	170
	Schattenblätter	26. 10.	156		
	gelbe Schattenblätter	26. 10.	25	31,0	80

Tabelle 29.

		Datum	FG mg-% VC	TG%	TG mg-% VC
Aesculus hippocastanum	Sonnenblätter	17. 4.	200	23,7	843
	Schattenblätter	17. 4.	105	19,9	528
	Sonnenblätter	4. 7.	221	41,8	529
	Schattenblätter	4. 7.	82	32,7	251
	Sonnenblätter	21. 9.	278	39,7	701
	Schattenblätter	21. 9.	107	34,6	309
	gelbe Sonnenblätter	23. 10.	120	36,0	333
	gelbe Schattenblätter	23. 10.	31	27,3	114
Alnus viridis	Sonnenblätter	24. 4.	251	26,2	957
	Sonnenblätter	11. 7.	256	38,0	683
	Schattenblätter	11. 7.	148	29,5	501
Castanea vesca	Sonnenblätter	25. 6.	297	37,8	784
	Schattenblätter	25. 6.	189	32,8	575
Quercus sp.	Sonnenblätter	25. 6.	387	41,0	944
	Schattenblätter	25. 6.	235	36,7	640
Robinia pseudacacia	Sonnenblätter	4. 6.	312	25,5	1220
	Schattenblätter	4. 6.	191	24,0	795
	Sonnenblätter	5. 7.	206	27,0	762
	Schattenblätter	5. 7.	56		

geben, da die Einstrahlung und die Lichtabsorption auf die Flächeneinheit bezogen wird. Bei einer Berechnung auf die Flächeneinheit, z. B. 100 cm² Blattfläche, schneiden die dünneren Schattenblätter

Tabelle 30. Taxus baccata.

	Sonnen-Nadeln				Schatten-Nadeln		
Alter in Monaten	Datum	FG mg-% VC	TG %	TG mg-% VC	FG mg-% VC	TG %	TG mg-% VC
1	18. 4.	205	24,2	847			
2	11. 6.	188	29,4	641			
7	7. 11.	190	22,3	852	110	28,8	383
8	13. 12.	180	34,1	530	114	29,2	392
9	9. 1.	225	35,2	639	146	34,7	420
12	18. 4.	215	38,0	566	126	29,5	429
14	11. 6.	166	31,3	531			
15	11. 7.	167	38,0	440	82	33,7	244
19	7. 11.	162	32,4	500	98	23,6	414
20	13. 12.	185	33,1	558	100	30,8	324
21	9. 1.	208	38,5	540	137	34,6	396

gegenüber den dickeren Sonnenblättern hinsichtlich des VC-Gehaltes noch schlechter ab als bei der Bezugnahme auf das F- oder TG. 100 g FG der Sonnenblätter der Buche entsprechen einer Fläche von etwa 6660 cm², während der entsprechende Wert der Schattenblätter ungefähr 12000 cm² beträgt. Da in 100 g Sonnenblättern im Frischzustand z. B. 335 mg VC enthalten sind, ergibt sich für 100 cm² Blattfläche etwa 5 mg VC, für die Schattenblätter mit 173 mg-% VC im FG 1,4 mg. Der ermittelte maximale Wert des VC-Gehaltes der Schattenblätter vom 30. 6. beträgt je 100 cm² Blattfläche 2,4 mg, der vergleichbare Wert der Sonnenblätter 5,3 mg VC. Aus diesem Beispiel — aus anderen ist prinzipiell dasselbe zu entnehmen — ergibt sich eindeutig, daß die Schattenblätter ärmer an VC als die Sonnenblätter sind, was sich auch bei Bezugnahme auf das F- bzw. TG ergibt. Aus den Tabellen 28—31 ist dieses Ergebnis eindeutig zu entnehmen. Ehe wir aus diesem Befund die Schlußfolgerung ziehen, sei noch auf eine andere Eigentümlichkeit der Schattenblätter hingewiesen.

Während der VC-Gehalt (bezogen auf das FG) der Sonnenblätter geringe Schwankungen zeigt — von den eben entfalteten Blättern (Bestimmung vom 23. 4.) sei zunächst abgesehen —, weist er bei Schattenblättern erhebliche Differenzen auf. Bei den Sonnenblättern ist das Verhältnis vom maximalen zum minimalen Wert 1,06, bei den Schattenblättern dagegen 2,55. Legt man den VC-Gehalt der Trockengewichte zugrunde, so ergeben sich die Verhältniszahlen 1,09 (Sonnenblätter) und 1,74 (Schattenblätter). Das Trockengewicht ist bei den Schattenblättern etwas größeren Schwankungen als bei den Sonnenblättern unterworfen. Für diese ergibt sich die Verhältniszahl 1,12, für jene 1,46. Diese Feststellung wird bei späteren Diskussionen zu beachten sein; zunächst wenden wir uns den Analysenergebnissen, die wir bei anderen Blättern fanden, zu.

Aus der Tabelle 29 ist eindeutig zu entnehmen, daß bei den 5 weiteren Arten, die wir untersuchten, die Sonnenblätter mehr VC als die Schattenblätter aufwiesen, sowohl bei Bezugnahme auf das F- als auf das TG. Das Ergebnis, daß Sonnenblätter reicher an VC sind als Schattenblätter ist somit eindeutig gesichert und auch bei krautigen Pflanzen gültig. So fanden wir z. B. bei Sonnenblättern von *Lamium galeobdolon* 204 (1110), bei Schattenblättern 84 (528) mg-% VC (s. Tabelle 17). Auch bei Apfelfrüchten ist die Sonnenseite reicher an VC als die Schattenseite (s. S. 103).

Die Bestimmung des VC in Nadeln von *Taxus baccata* während 21 Monaten ist in Tabelle 30 enthalten. Diese Werte lassen erkennen, daß sowohl die Sonnen- wie die Schattennadeln Schwankungen an VC-Gehalt aufweisen (bei Bezugnahme auf das FG als auch auf das TG). Während der Wintermonate liegen die VC-Werte etwas höher als im Sommer. Es ist aber zu bedenken, daß das prozentuale TG in der Regel in der kälteren Jahreszeit höher liegt als in der warmen. So große jahreszeitliche Schwankungen, wie sie MOLDTMANN (1939/40) angibt, konnten wir nicht feststellen. Wie schon öfters erwähnt, scheinen uns die AS-Bestimmungen von MOLDTMANN nicht einwandfrei, so daß uns der Befund MOLDTMANNs nicht gesichert erscheint. Die AS-Bestimmungen, die BUKATSCH (1943) an Koniferennadeln von 10 Arten durchführte, zeigten eindeutig, daß die Nadeln der Südseite höhere Gehalte an AS haben als die der Nordseite.

Daß die Blätter bei der herbstlichen Vergilbung weniger VC als die grünen Blätter aufweisen, ist bereits durch die Arbeiten von GIROUD (1938) und NEUBAUER (1939) bekannt. Wir können diese Angaben bestätigen (s. Tabelle 28 und 29). Daß grüne Blätter auch im Herbst noch einen VC-Gehalt wie im Sommer aufweisen können, ergibt sich ebenfalls aus der Tabelle 28. Wenn NEUBAUER bei *Tropaeolum*, *Liquidambar* und *Cardamine nasturtium* einen starken Abfall im AS-Gehalt feststellt, so darf dieses Ergebnis nicht verallgemeinert werden, haben wir doch bei zahlreichen winterannuellen Pflanzen keine Abnahme des VC-Gehaltes finden können (s. *Capsella*, *Senecio vulgaris*).

Tabelle 31.

			Datum	FG mg-% VC	TG %	TG mg-% VC
Berberis vulgaris	grüne Form	Sonnenblätter	3. 5.	261	30,1	867
	rote Form	,,	3. 5.	252	32,4	778
Corylus avellana	grüne Form	,,	5. 5.	386	32,8	1180
	rote Form	,,	5. 5.	322	30,5	1050
	grüne Form	Schattenblätter	5. 5.	192	27,2	706
	rote Form	,,	4. 5.	186	28,0	664
	grüne Mutationsblätter der roten Form	,,	4. 5.	201	29,0	692
Fagus silvatica	grüne Form	Sonnenblätter	3. 5.	312	25,8	1210
	rote Form	,,	3. 5.	306	25,6	1190
Trifolium repens	grüne Form	,,	2. 5.	230	19,8	1170
	rote Form	,,	2. 5.	270	20,4	1330

Wir legten uns bei unseren Untersuchungen auch die Frage vor, ob die anthocyanhaltigen Blätter gewisser Spielarten mehr oder weniger VC als die normalgrünen Formen aufweisen. Das Ergebnis dieser vergleichenden Bestimmung ist in Tabelle 31 wiedergegeben. In allen untersuchten Fällen zeigt sich eine gute Übereinstimmung. Man kann also von keiner bevorzugten oder verminderten VC-Bildung bei roten Laubblättern gegenüber vergleichbaren grünen sprechen. Ein Zusammenhang zwischen der chymochromen Anthocyanpigmentierung grüner Laubblätter und der VC-Bildung ist also nicht nachweisbar.

Der VC-Gehalt in Wasserpflanzen.

Moldtmann (1939/40) konnte bei den submersen Wasserpflanzen *Elodea canadensis* und *Vallisneria spiralis* keine AS feststellen und betrachtete dieses Verhalten als Ausnahme der Regel, daß alle grünen Pflanzen AS enthalten. Bukatsch (1940/41) wies bei *Elodea* zwar auch keine AS, aber DAS nach, nämlich 7,8 mg-% im FG. Moldtmann hat die Bestimmung der DAS unterlassen. Wie die Tabelle 32 zeigt, besitzen die uns zur Verfügung stehenden submersen Sprosse von *Elodea canadensis*, *E. crispa* und *E. densa* AS und DAS, so daß also die Submersen keine Ausnahme hinsichtlich der AS-Bildung darstellen. Wenn in gewissen Fällen bei submersen Wasserpflanzen keine AS nachweisbar ist, wofür auch unsere Analysen Beispiele ergeben (s. Tabelle 32, *Vallisneria spiralis*, *Potamogeton lucens*), so wird

Tabelle 32.

		Datum	FG mg-% AS	FG mg-% VC	TG %	TG mg-% VC		
Aponogeton ulvatius	grüne Blätter	7. 8.	0	20			I	
Aponogeton ulvatius × A. fenestralis	,,	30. 6.	6	6			I	
Cabomba aquatica	Sprosse	7. 8.	1	14			I	
Callitriche sp.	,,	27. 6.	5	34			II	
Ceratophyllum demersum	Sproß-Spitzen	7. 7.	60	69	14,6	476	III	III
	,,	6. 8.	34	63	8,6	735	III	IV
	,,	9. 8.	23	29	6,2	472	II	III
	,,	10. 11.	53	50	14,5	347	II	III
Elodea canadensis	,,	15. 2.	23	30	13,9	213	II	II
	,,	22. 6.	58	80	8,7	915	III	IV
	,,	4. 11.	27	35	13,4	260	II	II
Elodea crispa	,,	27. 6.	5	13	9,7	131	I	II
	,,	18. 8.	10	37	14,5	259	II	III
Elodea densa	,,	7. 7.	11	22	7,7	284	II	III
	Blätter	12. 8.	20	35	12,9	273	II	III
Heliocharis articularis	Sprosse	12. 8.	133	180	31,4	575	IV	IV
Hippuris vulgaris	Blätter	31. 7.	3	20	11,6	175	I	II
Hottonia palustris	,,	23. 7.	1	113	13,8	816	IV	IV
Hydrilla verticillata	Sproß-Spitzen	12. 8.	11	63	9,9	643	III	IV
Myriophyllum spicatum	,,	23. 6.	48	77	14,0	548	III	IV
Najas marina	Blätter	31. 7.	8	12	4,1	290	I	III
Philodria minor	Sproß-Spitzen	12. 8.	2	38	13,3	286	II	III
Potamogeton lucens	Blätter	7. 7.	0	28	15,8	174	II	II
Potamogeton perfoliatus	,,	1. 8.	2	24	14,9	160	I	II
Ranunculus trichophyllus	,,	23. 8.	6	74	5,6	1320	III	V
Utricularia sp.	Sprosse	12. 7.	12	17	6,6	253	I	III
Vallisneria portugalensis	Blätter	12. 8.	2	17	6,4	270	I	III
Vallisneria spiralis	,,	27. 6.	0	28	8,4	338	II	III
	,,	11. 9.	6	25	8,6	288	I	III
Vallisneria torta	,,	12. 8.	3	17	6,1	272	I	III

dies daran liegen, daß der VC-Gehalt der Submersen überhaupt absolut gering ist und kleine Mengen von AS bei der Aufarbeitung des Analysenmaterials in DAS übergehen.

Weil die Submersen in bezug auf das FG arm an AS bzw. VC sind (s. Tabelle 32), nimmt es nicht wunder, daß ihre wasserreichen Gewebe auch wenig Pigmente der Photosynthese aufweisen. Wenn das TG als Bezugseinheit gewählt wird, so schneiden die Wasserpflanzen durchaus nicht in allen Fällen schlecht ab. Wie bei den Landpflanzen gibt es VC-arme und VC-reiche Typen. Unter diesen finden wir *Ranunculus trichophyllus* und *Nasturtium officinale,* also Angehörige von Familien mit hohem VC-Spiegel (s. S. 56). Es ist nicht zu bestreiten, daß viele Submerse auch im TG eine geringe Menge von VC aufweisen. Wir haben eben erwähnt, daß die Submersen relativ plastidenarm sind, ihre photosynthetische Leistung also in vielen Fällen hinter der von gewöhnlichen Laubblättern zurückbleibt. Wenn die Photosynthese gering und das VC ein Produkt dieses Prozesses ist, so wird der VC-Gehalt der Submersen kaum höhere Werte annehmen können.

Eine Reihe submerser Wasserpflanzen wachsen unter Umständen über die Wasseroberfläche, so daß ein und derselbe Sproß einen emersen und einen submersen Teil aufweist, bzw. ein Exemplar emerse und submerse Sprosse ausbildet. Blätter solcher Pflanzen wurden vergleichsweise auf den AS- und VC-Gehalt geprüft; die Resultate sind in Tabelle 33 enthalten. In bezug auf das FG weisen die emersen Blätter ausnahmslos einen höheren VC-Gehalt als die submersen auf. Wird die VC-Menge auf das TG bezogen, das bei den submersen Blättern in der Regel geringer ist als bei den emersen, so liegen die Werte der letzteren auch meist noch über denjenigen der ersteren; nur in 2 von den untersuchten Fällen ist der VC-Gehalt bei den submersen Blättern höher als bei den emersen.

Auf eine auffallende Erscheinung, die bei der Aufarbeitung des Analysenmaterials mit Metaphosphorsäure eintritt, sei noch besonders hingewiesen. In fast allen Fällen ist das Extrakt mehr oder weniger rot gefärbt, vermutlich durch Anthocyan, selbst bei Pflanzen, die rein grüne Blätter haben und bei denen in vivo keine Spur von Anthocyan, auch nicht bei mikroskopischer Prüfung festzustellen ist. Offenbar enthalten die Wasserpflanzen eine farblose Stufe des Anthocyans, die bei der Ansäuerung (die Rotfärbung tritt auch in salzsaurer Lösung auf) in die farbige übergeht. Aus-

Tabelle 33.

		Datum	FG mg-% AS	FG mg-% VC	TG %	TG mg-% VC		
Cardamine amara	emerse	12. 8.	114	174	18,8	925	IV	IV
	submerse Blätter	12. 8.	52	99	18,8	525	III	IV
Hippuris vulgaris	emerse	3. 6.	28	55	13,8	397	III	III
	submerse Blätter	31. 7.	3	20	11,6	175	I	II
Hottonia palustris	emerse	5. 9.	113	126	13,8	915	IV	IV
	submerse Blätter	23. 7.	1	113	13,8	816	IV	IV
Ludwigia Mulerti	grüne, emerse	11. 9.	135	185	19,1	969	IV	IV
	rotbraune, submerse Blätter	11. 9.	66	91	15,3	595	III	IV
Myriophyllum proserpinacoides	grüne, emerse	8. 9.	64	80	14,2	563	III	IV
	rotbraune, submerse Blätter	8. 9.	32	43	5,9	732	II	IV
Nasturtium officinale	grüne, emerse	17. 10.	179	206	12,7	1620	V	V
	grüne, submerse Blätter	28. 6.	119	135	9,5	1450	IV	V
	grüne, emerse	3. 7.	87	133	9,8	1360	IV	V
	grüne, submerse Blätter	3. 7.	81	102	7,3	1410	IV	V
Stratiotes aloides	grüne, submerse Blatteile	5. 2.	2	14	10,0	144	I	II
	grüne, emerse Blatteile	1. 6.	44	60	9,6	617	III	IV
	grüne, submerse Blatteile	1. 6.	9	20	7,3	274	I	III
	grüne, emerse Blatteile	24. 6.	36	56	11,6	489	III	III
	grüne, submerse Blatteile	24. 6.	10	32	7,1	445	II	III
	grüne, submerse Blatteile	8. 11.	10	21	8,8	236	I	II

nahmen machen *Potamogeton*arten, deren Blätter bekanntlich durch den Carotinoidfarbstoff Rhodoxanthin gelegentlich gerötet sein können. Außerdem zeigten die sauren Extrakte von *Callitriche, Heleocharis, Vallisneria portugalensis* und *Vallisneria torta* keine Rötung.

An anderer Stelle ist die Hypothese vertreten worden, daß die Anthocyanbildung Symptom einer stoffwechselphysiologischen Unstimmigkeit, also eine Hypotrophie der Entwicklung ist (SEYBOLD 1943). Es ist nun wahrscheinlich, daß viele submerse Wasserpflanzen nicht unter optimalen Bedingungen wachsen, eine

Anthocyanbildung also begünstigt wird. Bei manchen Submersen ist bekanntlich die Anthocyanrötung so erheblich, daß sie als charakteristisch angesprochen wird. Wir behalten uns eine besondere Untersuchung der Anthocyanbildung der Submersen vor und begnügen uns hier mit dem Hinweis auf dieses interessante Phänomen.

Der VC-Gehalt in Aurea- und panaschierten Blättern.

Über den AS- und VC-Gehalt von chlorophyllarmen Blättern sind schon mehrere Untersuchungen durchgeführt worden, um die Frage, ob ein engerer Zusammenhang zwischen der Chlorophyllmenge und dem VC besteht, zu klären. Die bisherigen Ergebnisse sind uneinheitlich und die bestehenden Widersprüche blieben bislang ungeklärt, vor allem, wie es uns scheint, deshalb, weil sog. weißpanaschierte bzw. Albino- und Aureablätter als physiologisch gleichwertig betrachtet wurden. So finden wir z. B. in einer Tabelle von GIROUD (1938) und von WEBER (1941) Albino- neben Aureablättern, und MOLDTMANN (1940/41) übersieht ebenfalls den prinzipiellen Unterschied, der hinsichtlich des physiologischen Zustandes zwischen weißen und gelben Laubblättern besteht. Letztere sind zwar chlorophyllarm, aber mit einem intakten photosynthetischen System ausgerüstet, während erstere dagegen eine völlige Rückbildung der Chloroplastenpigmente mit schließlichem Schwund der Plastiden aufweisen. Die mehr oder weniger große Chlorophyll- und Carotinoidarmut beider Typen ist keine bloße graduelle, sondern eine gänzlich verschiedene funktionelle Ausprägung des mutierten Plastidensystems. Man darf sich nicht durch den Umstand täuschen lassen, daß albinotische Blätter in einem gewissen Entwicklungsstadium, etwa kurz nach der Laubentfaltung, gelbe Farbe wie manche Aureablätter haben können. Diese bilden zwar Chloroplasten mit weniger Chlorophyll und Carotinoiden als die normalgrünen Blätter aus, sie behalten aber ihre einmal gebildeten Pigmente, während bei den albinotischen Blättern die Chloroplastenpigmente verschwinden, etwa so wie bei weißen oder anderen chymochromen Blumenblättern.

Schon in einer früheren Arbeit (SEYBOLD und EGLE 1938) ist hinsichtlich der Plastidenmutation darauf hingewiesen worden, daß man die „Pigmentausbildung der gelben Blätter nicht über einen Kamm scheren" darf und bei weißen Blättern nicht nur

Tabelle 34.

Die eingeklammerten Werte bei *Corylus* beziehen sich auf Schattenblätter, alle anderen sind an Sonnenblättern ermittelt.

		Datum	FG mg-% VC		TG%		TG mg-% VC	
Acer negundo	grün	28. 6.	209		21,1		992	
	aurea	28. 6.	199		17,5		1140	
Buxus japonicus	grün	27. 6.	129		38,6		334	
	aurea	27. 6.	177		39,2		451	
Cornus mas	grün	26. 4.	321		33,5		956	
	aurea	26. 4.	278		28,3		952	
	grün	2. 5.	235		33,2		706	
	aurea	2. 5.	267		27,2		982	
Corylus avellana	grün	26. 6.	298		39,4		757	
	aurea	26. 6.	412		43,2		953	
	grün	5. 5.	386	(192)	32,8	(27,2)	1180	(706)
	aurea	5. 5.	452	(245)	31,3	(25,6)	1440	(958)
Ptelea trifoliata	grün	3. 7.	228		32,5		703	
	aurea	3. 7.	306		27,6		1112	
Sorbus aria	grün	29. 5.	268		42,5		632	
Sorbus aria var. chrysophylla	hellgrün	29. 5.	306		38,8		789	
	aurea	29. 5.	300		36,3		826	
Sorbus aucuparia	grün	31. 5.	335		40,4		829	
Sorbus aucuparia var. aurea	hellgrün	31. 5.	291		35,9		811	
	aurea	31. 5.	302		34,1		886	
Taxus baccata	grün	11. 7.	167		38,0		440	
Taxus baccata var. aurea	aurea	18. 7.	181		34,8		521	
Ulmus montana	grün	27. 6.	280		31,9		877	
	aurea	27. 6.	396		30,3		1310	
Ulmus montana var. Dampieri f. Wredei	grün	28. 6.	194		33,4		581	
	aurea	28. 6.	241		27,1		886	

eine Hemmung in der Pigmentausbildung, sondern auch ein sekundärer Pigmentschwund vorhanden ist.

Bei typischen Aureablättern ist das Verhältnis zwischen den beiden Chlorophyllkomponenten *a* und *b* gegenüber den normalgrünen Blättern erheblich größer (Aureablätter $a/b = 5—10$; grüne Blätter $a/b = 3—4$), während bei albinotischen chlorophyllarmen Blättern der Chlorophyllquotient mit dem normalgrüner Blätter meistens übereinstimmt. Mutanten mit Aureablättern weisen in der Regel eine photosynthetische Leistung auf, die der grüner Blätter nicht oder nur wenig nachsteht, was bereits WILLSTÄTTER und STOLL (1918) feststellten und was durch die Ermittlung der optischen Verhältnisse beider Blattypen eine einfache Deutung erfahren konnte (SEYBOLD und WEISSWEILER 1943). Daß Aureablätter im Gegensatz zu den normalgrünen Formen in der Regel keine Assimilationsstärke aufweisen (SEYBOLD 1943), ist im Hinblick auf die VC-Bildung von besonderem Interesse.

Wenden wir uns zunächst den Aureablättern zu und zwar solchen, die entweder von Pflanzen stammen, die an allen oder wenigstens einigen Zweigen gelbe Blätter tragen.

Wie die Tabelle 34 zeigt, ist der VC-Gehalt der Aureablätter sowohl bei Bezugnahme auf das FG wie auf das TG bei Aureablättern größer als bei dem vergleichbaren normalgrünen Laub. BUKATSCH (1940/41) machte übrigens bereits den kurzen Hinweis, daß Aureablätter gegenüber normalgrünen bei Hasel und Holunder mehr AS enthalten. In gelben Nadeln eines Fichtenastes fand BUKATSCH (1943) ebenfalls einen höheren AS-Gehalt als bei den grünen Nadeln. MOLDTMANN (1940/41) hat bei *Antirrhinum*-Mutanten einen höheren AS-Gehalt gegenüber der grünen Stammform festgestellt, dieses Ergebnis aber durch den Vergleich mit den AS-Mengen von albinotischen Blättern nicht richtig gewertet. In Tabelle 35 sind die VC-Gehalte von einigen *Antirrhinum*-Mutanten, die wir einer Nachuntersuchung unterzogen, angegeben, da MOLDTMANN nur den AS-Gehalt bestimmte. Abgesehen davon, daß unsere Ergebnisse von denen MOLDTMANNs im einzelnen abweichen, ergibt sich aus unseren Messungen, daß die Blätter mehrerer Chlorophyll-Mutanten eindeutig reicher an VC sind als die grüne Stammform.

NEUBAUER fand bei gelbgrünen chlorophyllärmeren *Galium*pflanzen mehr AS als bei dunkelgrünen. In Übereinstimmung damit stehen die Befunde, die wir mit den in Tabelle 36 angeführten Pflanzen gewonnen haben.

Auf einen besonderen Fall sei noch hingewiesen, der in einem Gegensatz zu den bisher mitgeteilten Ergebnissen zu stehen scheint: Seit Jahren wachsen inmitten eines Bestandes normalgrüner Pflanzen von *Urtica dioica* gelbblättrige Individuen, die erst im Laufe der Vegetationsperiode ihre Blätter ergrünen lassen. In den gelben Blättern ist der Gehalt an VC geringer als bei normalgrünen. Bei den gelbblättrigen Individuen ist der Chlorophyllquotient $a/b = 4{,}6$, bei den grünen 3,77 (SEYBOLD und EGLE 1938), der Unterschied also nicht so erheblich wie bei den oben erwähnten

Tabelle 35. Mutanten von Antirrhinum.

	Datum	FG mg-% VC	TG%	TG mg-% VC
normal grün	1. 9.	93	14,0	668
	22. 9.	88	11,7	752
	22. 9.	99	11,8	839
MOLDTMANN		AS 54		
aureum	1. 9.	79	11,8	666
	22. 9.	94		
	22. 9.	139	11,9	1170
MOLDTMANN		AS 94		
vitellina	1. 9.	74	11,0	669
	22. 9.	86	9,4	913
MOLDTMANN		AS 80		
chionocaulis MOLDTMANN	22. 9.	157 AS 58		
lurida MOLDTMANN	22. 9.	111 AS 64	10,0	1110
chrysophylla	22. 9.	69		

Tabelle 36.

		Datum	FG mg-% VC	TG%	TG mg-% VC
Elaeagnus pungens var. foliomarginata	grün	20. 11.	127	44,8	284
	gelb	20. 11.	130	41,9	310
Brassica oleracea f. acephala, Grünkohl	grün	5. 9.	153	18,0	851
	gelb-grünlich	5. 9.	227	17,6	1290
	grün	9. 11.	130	15,4	844
	gelb-grünlich	9. 11.	233	16,4	1400
Soja hispida	grün	2. 10.	184	26,0	706
	hellgrün	2. 10.	212	24,7	828
Urtica dioica	grün	10. 4.	252	22,5	1123
	gelb	10. 4.	179	18,2	982
Blechnum spicant	grün	25. 9.	91	24,3	373
	hellgrün	25. 9.	108	—	—
Trichomanes radicans	grün	21. 9.	91	36,1	253
	hellgrün	21. 9.	112	32,6	343

Arten, bei denen die Aureaformen sich durch hohe Chlorophyllquotienten auszeichnen.

Das Ergebnis, daß Aurea- und hellgrüne Blätter, bei denen die Chlorophyllmenge gegenüber den normalgrünen geringer ist, sich durch einen größeren VC-Gehalt auszeichnen, ist hinreichend gesichert. Mit den Schlußfolgerungen, die sich hieraus ergeben, werden wir uns später beschäftigen (s. S. 126).

Tabelle 37.

			Datum	FG mg-% VC	TG%	TG mg-% VC
Acer negundo f. albomarginata	grüne Blätter	Sonnenblätter	16. 6.	238	14,4	1660
	weiße Blätter	,,	17. 6.	100	14,2	703
	grüne Blätter	Schattenblätter	26. 6.	149	26,2	567
	gelblich-weiße Blätter	,,	26. 6.	119	15,8	749
	grüne Blatteile	Halbschattenblätter	23. 6.	223	27,6	810
	weiße Blatteile		23. 6.	241	21,2	1140
Prunus laurocerasus	grüne Blatteile	Halbschatten	23. 10.	93	36,9	252
	weiße Blatteile	,,	23. 10.	127	30,3	418
Pelargonium zonale	grüne Blatteile	,,	10. 11.	59		
	weiße Blatteile	,,	10. 11.	56		

Anders verhalten sich nun die albinotischen Blätter. Von solchen liegen zahlreiche Bestimmungen vor. WEBER (1941), der eine größere Anzahl von Arten geprüft hat, weist besonders darauf hin, daß bei *Acer negundo* die weißen Blätter weniger oder höchstens soviel AS haben wie die grünen, wenn das FG als Bezugseinheit gewählt wird, bei Bezugnahme auf das TG sich das Verhältnis aber umkehrt, da der Wassergehalt der Albinoblätter etwa 85%, der der grünen etwa 75% beträgt. Wie die Tabelle 37 zeigt, weisen die grünen Sonnen- und Schattenblätter bei FG-Bezug mehr VC auf als die weißen. Wenn das TG dem Vergleich zugrunde gelegt wird, so sind die grünen Sonnenblätter ebenfalls VC-reicher; bei den Schattenblättern ist das Verhältnis aber umgekehrt. Wenn man von Blättern, die teils grün, teils weiß sind, die verschieden gefärbten Blatteile gesondert untersucht, so erweisen sich die weißen gegenüber den grünen überlegen, besonders bei Bezugnahme auf das TG. Bei weißgrünen Blättern von *Prunus laurocerasus* haben die weißen Partien ebenfalls einen etwas höheren VC-Gehalt als die plastidenführenden. Grünweiße Blätter von *Pelargonium zonale* weisen in den grünen Partien einen kaum größeren VC-Gehalt als die weißen Teile auf (mangels Materials konnte keine TG-Bestimmung ausgeführt werden).

Aus unseren und den in der Literatur vorliegenden Befunden läßt sich mit Sicherheit sagen, daß der VC-Gehalt plastidenfreier Laubblätter, bzw. Blattanteile im Gegensatz zu den Aureablättern nicht wesentlich größer ist als der chlorophyllführender Blätter, vielmehr tritt in manchen Fällen mit der Rückbildung des Chlorophylls eine erhebliche Verminderung des VC-Gehaltes ein. Wie wir im folgenden Abschnitt sehen werden, liegen die Verhältnisse bei den Blumenblättern, die in gewisser Hinsicht sich mit den albinotischen Laubblättern vergleichen lassen, ähnlich.

Der VC-Gehalt in Blumenblättern.

Die Frage, ob die Blumenblätter gegenüber den Laubblättern mehr oder weniger VC enthalten, ist von verschiedenen Forschern aufgeworfen und zu klären versucht worden. Da die Blumenblätter in morphologisch-anatomischer und physiologischer Hinsicht als reduzierte bzw. metamorphosierte Blattgebilde aufgefaßt werden, glaubte man, aus vergleichenden Analysen gegebenenfalls gewisse Rückschlüsse auf den Zusammenhang der VC-Bildung zu den Plastidenpigmenten Chlorophyll und Carotinoiden ziehen zu können, was vor allem Giroud (1938), Mirimanoff (1938) und Dischendorfer (1937) getan haben.

Wie an anderer Stelle erörtert wurde (Seybold 1943a und b), befinden sich die chromatophorenführenden (plasmochromen) carotinoidgelben oder -roten Blumenblätter in einem anderen physiologischen Zustand als die plastidenfreien (chymochromen), die Farbstoffe (Anthocyane, Flavonole u. dgl.) in den Vakuolen aufweisen oder farblos sind.

Die Blumenblätter sind gegenüber den Laubblättern nicht nur in morphologischer und anatomischer Hinsicht reduzierte Gebilde, sondern sie weisen auch einen besonderen physiologischen Hemmungszustand auf. In frühen Entwicklungsstadien lassen sich bei den meisten Blumenblättern Chloroplasten nachweisen, die bei weiterem Wachstum zu Chromoplasten metamorphosiert werden oder verschwinden. Die physiologische Reduktion ist bei den chymochromen Blumenblättern offensichtlich stärker als bei den plasmochromen. So fand Bühler (1944) in der Regel in diesen mehr Gesamtstickstoff als in jenen. Hinsichtlich des Phosphorgehaltes besteht dasselbe Verhältnis (Ergebnisse bisher nicht veröffentlicht). Wenn vergleichende Untersuchungen über den VC-Gehalt von Blumen- und Laubblättern durchgeführt werden, so ist besonders darauf zu achten, ob plasmochrome oder chymochrome Korollenblätter vorliegen.

Nicht unerwähnt bleiben darf, daß der Vergleich des VC-Gehaltes von Laub- und Blumenblättern nur bedingt zulässig ist, vor allem, wenn als Vergleichsbasis das FG bzw. TG gewählt wird.

Häufig, aber durchaus nicht in allen Fällen, weisen die Blumenblätter einen höheren Wassergehalt als die Laubblätter auf, deren VC-führende Gewebe hingegen mit toten, vitaminfreien Stütz- und Leitelementen belastet sind. Der Gehalt an VC erniedrigt sich, wenn das FG als Vergleichsbasis dient; die Laubblätter schneiden aber in der Regel schlechter ab, wenn das TG dem Vergleich zugrunde gelegt wird. So weisen z. B. die weißen Perigonblätter von *Anemone nemorosa* gegenüber den grünen Hochblättern in 100 g FG weniger, in 100 g TG mehr VC auf als die Laubblätter. Weitere Beispiele können aus der Tabelle 38 entnommen werden.

Wenn es zutrifft, daß ein erheblicher Teil des VC in die Blumenblätter aus den autotrophen Laubblättern einströmt, was sehr wahrscheinlich ist, so vergleichen wir letzten Endes lediglich allochthone VC-Mengen der Blumenblätter mit den autochthonen der Laubblätter und das, wie oben erwähnt, mit sehr unsicherer Bezugseinheit. Das, was der Vergleich ergeben soll: ob die VC-Bildung mit der Plastidendifferenzierung und ihrer Aktivität etwas zu tun hat oder nicht, kann er eigentlich nicht ergeben. Es werden nicht die von Zellen verschiedenen physiologischen Zustandes (chloroplasten-chromoplastenhaltige und plastidenfreie Zellen) produzierten VC-Mengen vergleichen, sondern Gewebe mit VC-Bildung mit Geweben, in denen VC-Ablagerung erfolgt. Zum Entscheiden der Frage, ob eine Parallelität zwischen Chlorophyll- und VC-Gehalt besteht, sind vergleichende Untersuchungen von Laub- und Blumenblättern ungeeignet.

Aus diesen Erörterungen ergibt sich also, daß der Vergleich des VC-Gehaltes von Laub- und Blumenblättern nur bedingt zulässig ist und Schlußfolgerungen nur mit Vorbehalt gezogen werden dürfen.

In Übereinstimmung mit den Befunden von Giroud (1938), Fujita und Ebihara (1938) und Bukatsch (1943) läßt sich aus den Analysendaten der Tabelle 38 entnehmen, daß bei FG-Bezug in der Mehrzahl der Fälle die Laubblätter reicher an VC sind als die Blumenblätter. Die gegenteiligen Angaben von Moldtmann (1939/40) stützen sich auf ein zu spärliches statisches Material, ganz abgesehen davon, daß seine Analysen keine einwandfreien Daten liefern konnten (s. S. 27). Wenn Bukatsch bei seinen umfangreichen Vergleichsanalysen auch nur die AS und nicht den Gesamt-VC-Gehalt ermittelt hat, so dürften die von ihm

Tabelle 38.
p = plasmochrome, ch = chymochrome Blumenblätter.

		Datum	FG mg-% VC	TG %	TG mg-% VC	Übergewicht an VC FG	Übergewicht an VC TG
Anemone	grüne Hochblätter	9. 4.	161	20,3	790	+	
nemorosa (ch)	weiße Perigonblätter	9. 4.	126	14,3	880		+
Anemone ranun-	grüne Hochblätter	5. 4.	460	18,8	2450	+	+
culoides (p)	gelbe Perianthblätter	5. 4.	339	19,1	1770		
Caltha palustris	Laubblätter	5. 4.	114	14,0	815		
(p)	gelbe Perianthblätter	5. 4.	146	10,0	1460	+	+
Eranthis hiemalis	grüne Hochblätter	8. 3.	335			+	
(p)	gelbe Perianthblätter	8. 3.	102				
Ficaria verna	Laubblätter	10. 4.	164	12,0	1360	+	+
(p)	gelbe Perianthblätter	10. 4.	109	14,0	776		
Helleborus	Laubblätter	26. 2.	155	32,2	481	+	
foetidus (p)	blaßgrüne Hochblätter	26. 2.	179	20,8	859		
	blaßgrüne Perianthblätter	26. 2.	90	14,2	637		+
	grünliche Staubblätter	26. 2.	44	16,5	269		
	grüne Fruchtblätter	26. 2.	80	17,5	458		
Helleborus niger	Laubblätter	10. 3.	155	34,7	448	+	+
(ch)	grüne Hochblätter	10. 3.	193				
	violette Perianthblätter	10. 3.	68	17,2	398		
Hepatica triloba	Laubblätter	11. 4.	111	20,0	558		
(ch)	,,	30. 5.	135	30,6	441		
	grüne Hochblätter	14. 3.	134				
	blaue Perianthblätter	14. 3.	144	13,2	1090	+	+
Viola tricolor	Laubblätter	3. 4.	359	19,1	1870	+	+
„Pensée"	gelbe Perianthblätter	3. 4.	230	15,9	1450		
(p)	,,	4. 4.	228	14,2	1610		
	,,	15. 3.	289	16,2	1780		
	,,	16. 3.	298				
	Laubblätter	10. 4.	281	17,8	1580	+	+
(ch)	weiße Perianthblätter	10. 4.	203	15,2	1340		
(ch)	blauviolette Perianthblätter	15. 3.	159	16,2	979		
	blauviolette Perianthblätter	16. 3.	200	13,2	1520		
Cytisus Adami	Laubblätter	11. 5.	347	24,8	1400	+	+
(p)	Fahnen u. Flügel gelber Blüten	9. 5.	121	12,9	945		
(ch)	Fahnen u. Flügel violetter Blüten	9. 5.	90	11,1	812		
Melitotus	Blattfiedern	2. 6.	247	26,8	921	+	+
officinalis (p)	gelbe Blüten	2. 6.	124	21,9	566		
Daphne	Laubblätter	14. 3.	362	22,1	1640	+	+
mezereum (ch)	violette Perianthblätter	14. 3.	136	10,5	1290		
	violette Perianthblätter	2. 3.	131	11,2	1170		

Tabelle 38. (Fortsetzung.)

		Datum	FG mg-% VC	TG %	TG mg-% VC	Übergewicht an VC	
						FG	TG
Oenothera biennis (p)	Laubblätter	2. 8.	180	26,4	681	+	
	gelbe Perianthblätter	2. 8.	60	8,0	748		+
	Laubblätter	8. 8.	147	19,9	739	+	
	gelbe Perianthblätter	8. 8.	66				
Althaea rosea (ch)	Laubblätter	12. 7.	174	21,3	820	+	+
	rote Perianthblätter	12. 7.	68	12,8	530		
Tropaeolum majus (p)	Laubblätter	9. 7.	359	20,4	1760	+	
	gelbe Perianthblätter	9. 7.	179	7,7	2330		+
	rote Perianthblätter	9. 7.	210				
Cornus florida (ch)	Laubblätter	27. 4.	260	32,7	794	+	
	weiße Hochblätter	27. 4.	130	15,7	826		+
Primula officinalis (p)	Laubblätter	12. 4.	513	17,5	2940	+	+
	gelbe Perianthblätter	12. 4.	307	17,0	1800		
	Laubblätter	5. 4.	410	15,3	2670	+	
	gelbe Perianthblätter	5. 4.	296				
	Laubblätter	11. 4.	444	17,3	2570	+	+
	gelbe Perianthblätter	11. 4.	303	16,6	1830		
Primula elatior (ch)	Laubblätter	3. 4.	190	14,6	1300	+	+
	gelbe Perianthblätter	3. 4.	152	12,8	1190		
	Laubblätter	5. 4.	576	18,9	3050	+	+
	gelbe Perianthblätter	5. 4.	360	17,4	2070		
Primula sinensis (ch)	Laubblätter	23. 1.	179	10,7	1670	+	
	rote Perianthblätter	23. 1.	105	6,0	1760		+
Nicotiana tabacum (ch)	Laubblätter	14. 8.	131	19,6	666	+	+
	rote Perianthblätter	14. 8.	13	8,7	145		
Verbascum phlomoides (ch)	Laubblätter	9. 7.	114	23,5	487	+	
	gelbe Perianthblätter	9. 7.	52	8,6	601		+
Lamium album (ch)	Laubblätter	13. 4.	139	16,7	833	+	+
	weiße Perianthblätter	13. 4.	9	11,4	83		
Lamium maculatum (ch)	Laubblätter	16. 4.	122	19,4	632	+	+
	rote Perianthblätter	16. 4.	14	10,2	140		
Lamium galeobdolon (p)	Laubblätter	16. 4.	118	16,8	704	+	+
	gelbe Perianthblätter	16. 4.	34	10,3	329		
Plantago lanceolata	Laubblätter	23. 5.	88	21,5	411	+	+
	Infloreszenzen	28. 5.	62	28,7	217		
Forsythia intermedia (p)	Laubblätter	18. 4.	393	25,6	1530	+	+
	gelbe Perianthblätter	20. 3.	144	14,2	1015		
Jasminum nudiflorum (p)	Laubblätter	2. 7.	126	30,1	417		
	gelbe Perianthblätter	10. 3.	163	15,8	1034	+	+
Bellis perennis (ch)	Laubblätter	11. 4.	81	18,3	446	+	+
	weiße Zungenblüten mit Fruchtknoten	11. 4.	55	17,1	320		
Calendula officinalis (p)	Laubblätter	10. 7.	30	8,6	349		
	gelbe Zungenblüten	10. 7.	50	10,8	462	+	+
Centaurea cyanus (ch)	Laubblätter	3. 6.	59	18,6	319	+	+
	blaue Randblüten	3. 6.	15	15,0	101		

Tabelle 38. (Fortsetzung.)

		Datum	FG mg-% VC	TG %	TG mg-% VC	Übergewicht an VC FG	Übergewicht an VC TG
Cichorium Intybus (ch)	Laubblätter	16. 7.	88	17,5	502	+	
	blaue Randblüten ohne Fruchtknoten	16. 7.	76	12,0	635		+
Chamomilla matricaria (ch)	Laubblätter	30. 5.	107	16,2	659	+	+
	Infloreszenzen	30. 5.	52	19,4	268		
Chrysanthemum leucanthemum (ch)	Laubblätter	6. 5.	98	16,4	602	+	+
	weiße Zungenblüten ohne Fruchtknoten	6. 5.	82	15,3	537		
	Laubblätter	6. 5.	94	15,8	595	+	+
	weiße Zungenblüten mit Fruchtknoten	6. 5.	64	14,7	439		
	weiße Zungenblüten mit Fruchtknoten	10. 5.	70				
	weiße Zungenblüten obere Teile ohne Fruchtknoten	10. 5.	83				
	weiße Zungenblüten untere Teile mit Fruchtknoten	10. 5.	51				
Helianthus annuus (p)	Laubblätter	30. 7.	153	23,4	654	+	+
	gelbe Zungenblüten	30. 7.	62	14,1	438		
Helianthus tuberosus (p)	Laubblätter	10. 9.	101	25,6	393	+	+
	gelbe Zungenblüten	10. 9.	66	18,8	352		
Mulgedium alpinum (ch)	Laubblätter	17. 6.	72				
	blaue Zungenblüten	17. 6.	35				
Silphium laciniatum (p)	Blattfiedern	2. 8.	164	27,4	598	+	+
	Zungenblüten	2. 8.	32	16,0	198		
Taraxacum officinale (p)	Laubblätter	11. 4.	116	20,8	558	+	+
	Zungenblüten ohne Fruchtknoten	11. 4.	32	15,6	203		
Tussilago farfara (p)	Laubblätter	17. 5.	52	13,6	384		+
	gelbe Strahlenblüten ohne Achänen u. Pappus	14. 3.	62	17,8	348	+	
	Achänen u. Pappus	14. 3.	47	17,0	277		
	gelbe Scheibenblüten	14. 3.	51	20,5	248		
Poinsettia pulcherrima (ch)	Laubblätter	19. 1.	194	20,6	943		
	Laubblätter direkt unter Hochblättern	19. 1.	210			+	
	rote Hochblätter	19. 1.	131				
Hamamelis japonica (p)	Laubblätter	20. 4.	201	26,6	758		
	gelbe Perianthblätter	12. 2.	316	36,9	855	+	+
Convallaria majalis (ch)	Laubblätter	26. 4.	94	16,5	568	+	
	grünliche Blütenknospen Korolle	26. 4.	125	13,7	910		
	weiße Korollen	26. 4.	92	11,8	780		+
	Laubblätter	26. 4.	191			+	
	weiße Korollen	26. 4.	157				

Tabelle 38. (Fortsetzung.)

		Datum	FG mg-% VC	TG %	TG mg-% VC	Übergewicht an VC FG	Übergewicht an VC TG
Tulipa dasystemon (p)	Laubblätter	6. 4.	112	13,1	855	+	+
	gelbe Perianthblätter	6. 4.	78	10,9	716		
Clivia nobilis (p u. ch)	Laubblätter	28. 2.	12	10,6	110		
	rotgelbe Perigonblätter	28. 2.	31	4,4	713	+	+
Galanthus nivalis (p u. ch)	Laubblätter	1. 3.	142	16,4	867	+	+
	äußere, weiße Perigonblätter	1. 3.	98	12,0	819		
	innere, grüne Perigonblätter	1. 3.	83				
Narcissus poeticus (p u. ch)	Laubblätter	19. 4.	131	12,5	1048		
	weiße Korolle	19. 4.	163	7,4	2190	+	+
	roter Nebenkronsaum	19. 4.	312				
Crocus vernus (ch)	Laubblätter	16. 3.	320	19,3	1650	+	+
	blaue Perigonblätter	16. 3.	64	8,4	761		
Crocus luteus (ch)	Laubblätter	16. 3.	372			+	
	gelbe Perigonblätter	16. 3.	31	10,5	298		
	gelbe Perigonblätter	17. 3.	20	9,2	218		

gewonnenen Werte doch im wesentlichen richtig sein. Unter 65 Arten der Liliifloren wiesen bei Bezugnahme auf das FG nur 6 in den Blumenblättern einen höheren AS-Gehalt als in den Laubblättern auf.

Gemäß der Tabelle 38, in der unsere Analysendaten zusammengestellt sind, haben etwa $^4/_5$ der Arten in den Perianth- bzw. den bunten Hochblättern einen geringeren VC-Gehalt als in den Laubblättern, insofern zum Vergleich die FG herangezogen werden. Bezieht man die VC-Gehalte auf das TG, soweit solches ermittelt wurde, ergibt sich, daß ungefähr $^2/_3$ der untersuchten Arten einen höheren VC-Gehalt in den Laubblättern als in den Korollenblättern besitzen.

Wichtiger erscheint uns das Ergebnis, daß die plasmochromen, also plastidenführenden Blumenblätter VC-reicher sind als die chymochromen, denen carotinoidführende Plastiden abgehen. Im Mittel weisen diese etwa 120 mg-%, jene 150 mg-% VC, bezogen auf das FG auf. Wird das TG zugrunde gelegt, ergeben sich die entsprechenden Zahlen 830 und 950 mg-%. Dieses physiologisch interessante Ergebnis läßt sich auch aus dem umfassenderen Zahlenmaterial von BUKATSCH entnehmen, das er mit Liliifloren gewonnen hat. Unter Verzicht auf die grün- bzw. grünweiß blühenden Arten verteilen sich die Fälle nämlich folgendermaßen:

		Mittelwert des AS-Gehalts in mg-% des FG
Plasmochrom	gelb (18)	130
Chymochrom	blau-lila-violett (23)	85
	rot (7)	84
	weiß (14)	93

(Eingeklammert ist die Zahl der untersuchten Arten.)

Es scheint uns also erwiesen, daß mit der Reduktion der Plastiden, die bei den chymochromen Blumenblättern vollständiger ist als bei den plasmochromen, der VC-Gehalt vermindert wird. Mittelwerte sind freilich nicht so zuverlässig wie Einzelbeispiele gut vergleichbarer Arten, bei denen die Verschiedenheiten der histologischen Differenzierung der Korollen gering sind. Wenn die Korollenblätter folgender vergleichbarer Arten besonders ins Auge gefaßt werden, so weisen die plasmochromen mehr VC auf als die chymochromen.

Anemone ranunculoides — *Anemone nemorosa, Viola tricolor* gelb — desgl. blau oder weiß; *Cytisus Adami* gelb — desgl. violette Blüten; *Lamium galeobdolon* — *L. maculatum* — *L. album.* Bei *Primula officinalis* — *P. elatior* fand Neubauer (1939) in der Korolle der letztgenannten Art etwas mehr AS als in der erstgenannten. Bei FG-Bezug weist nach unseren Bestimmungen im Mittel *Primula officinalis* 302, *P. elatior* 256 mg-% VC auf. Werden die TG zugrunde gelegt, so erhalten wir die Zahl 1815 und 1630 mg-%. Es ist dabei noch zu bemerken, daß die plasmochrome *Primula officinalis* als eine Halbschattenpflanze, die chymochrome *P. elatior* als eine Sonnenpflanze anzusehen ist.

Schließlich sei noch darauf aufmerksam gemacht, daß die absolute VC-Menge der Blumenblätter von der Höhe des VC-Spiegels der Laubblätter abhängig ist. Korollenblätter der Ranunculaceen und Primulaceen sind beispielsweise reicher an VC als solche der VC-armen Compositen. Familien, die zu reichlicher VC-Bildung neigen, weisen auch in anderen Organen, z. B. in Wurzeln, Rhizomen und Früchten, mehr VC auf als solche, in deren Blättern wir einen niederen VC-Spiegel antreffen (s. S. 98 und 107).

Der VC-Gehalt in Pollen und Sporen.

GIROUD (1938) gibt den VC-Gehalt des Pollens von *Lilium candidum* und *Tulipa sp.* mit 41 bzw. 190 mg-% an, während NEUBAUER (1939) in den Sporen von *Equisetum arvense* 402 mg-% AS ermittelte. Von einigen Pollenarten bestimmten wir ebenfalls den AS- und VC-Gehalt (s. Tabelle 39). Auffallend ist, daß der

Tabelle 39.

	mg-% im FG		mg-% im TG	
	AS	VC	AS	VC
Alnus glutinosa	211	222	238	250
Alnus japonica	29	42		
	13	27	14	30
Corylus avellana	249	272	306	334
Equisetum arvense	217	220		

Pollen von *Alnus glutinosa* wesentlich höhere Werte ergab als derjenige von *Alnus japonica*. Der Pollen beider Arten wurde sogleich nach der Ausstäubung analysiert. Kurz vor dem Aufblühen der männlichen Influoreszenzen wurden abgeschnittene, ins Wasser gestellte Zweige ins Zimmer zum Ausstäuben über einer glatten Papierunterlage gebracht, so daß 3—5 g Analysenmaterial gewonnen werden konnten. Wir müssen es als eine nicht weiter erklärbare Tatsache hinnehmen, daß innerhalb einer Gattung schon recht erhebliche Differenzen im AS- und VC-Gehalt auftreten können. Es darf auch nicht als eine Besonderheit angesehen werden, daß nach unserer Bestimmung die Sporen von *Equisetum arvense* nur 217 mg-% AS und 220 mg-% VC enthalten, während NEUBAUER etwa doppelt so viel ermittelte (s. oben). Wie der unterschiedliche Gehalt der an sich VC-reichen *Equisetum*sporen zu erklären ist, muß dahingestellt bleiben. Da NEUBAUER die Fällung von anderen reduzierenden Substanzen nicht vorgenommen hat, könnte es wohl möglich sein, daß der als AS-Gehalt angegebene Wert nicht dem tatsächlichen entspricht. Vielleicht sind aber die Unterschiede auch durch ungleichen Wassergehalt bedingt.

Wenn wir die absoluten VC-Gehalte mit denen der Laubblätter vergleichen (s. Tabelle 34), so zeigt es sich, daß die Zellen des Laubblattes reicher an VC sind, als die des Pollens. Die absoluten Zahlen sind nur bedingt miteinander zu vergleichen. Tote Zellen, die in dem Laubblatt vorhanden sind, „drücken" die VC-Werte der lebenden Zellen im Blatt. Die Pollenzellen können viel VC enthalten, die lebenden Zellen des vergleichbaren Laubblattes sind aber reicher an diesem Vitamin.

Der VC-Gehalt in Früchten.

Die aus dem chlorophyllhaltigen Fruchtknoten oder Blütenboden hervorgehenden Früchte und Scheinfrüchte verändern bei der Reife ihre Chloroplasten entweder in Chromoplasten oder bringen sie mehr oder weniger vollkommen zum Verschwinden, so daß chymochrome Früchte mit Anthocyan- oder anderen Vakuolenpigmenten entstehen. Analog den Blumenblättern ergeben sich also bei der Reife plasmo- und chymochrome Früchte, wobei es auch zu Übergangsbildungen kommen kann. Wie die Tabelle 40 zeigt, die die Analysenwerte unserer Bestimmungen wiedergibt, weisen die plasmochromen Früchte in der Regel höhere VC-Gehalte als die chymochromen auf. Bei den erheblichen morphologisch-histologischen Differenzen, die den Früchten eigen sind, ist ein Vergleich naturgemäß nur bedingt zulässig und jedenfalls noch weit schwieriger als bei den Blumen- und Laubblättern. Schon der Wassergehalt der einzelnen Fruchttypen ist so außerordentlich verschieden, daß man nur mit allem Vorbehalt Vergleiche ziehen kann. Soviel scheint uns aber sicher, daß sowohl bei Bezugnahme auf das FG als auf das TG Chromatophoren enthaltende Früchte VC-reicher sind als plastidenfreie.

Eine Ausnahme machen wohl die der Schwarzen Johannisbeere. Es muß aber bedacht werden, daß die unter der „schwarzen" Beerenhaut liegenden Gewebe noch Chloroplasten enthalten, diese Beeren also zu dem Übergangstypus gehören. Außerdem liegt der VC-Spiegel der Johannisbeerblätter an sich schon sehr hoch, so daß es nicht überraschend ist, daß die Beeren reich an VC sind.

Für die Physiologie des VC ist der Befund noch bemerkenswert, daß in den plasmochromen Früchten bei der Reife der VC-Gehalt in der Regel ansteigt, während in vielen Fällen in reifen chymochromen Früchten eine Verminderung des VC-Gehaltes gegenüber dem unreifen Zustand eintritt (s. Tabelle 40). Giroud (1938) und Moldtmann (1939/40) haben bereits bei Hagebutten, Tomaten und Paprikafrüchten festgestellt, daß bei der Reife die AS-Gehalte ansteigen. Die Zunahme des VC bei der Reife plasmochromer Früchte steht vielleicht in Zusammenhang mit der Ausbildung der Sekundärcarotinoide, die bei manchen Arten im plastiden-

Tabelle 40.

		Datum	FG mg-% VC	TG %	TG mg-% VC
Atropa belladona	grüne Beeren	16. 10.	35	28,7	122
	schwarze Beeren	16. 10.	24	23,6	102
Berberis vulgaris	grüne Beeren	3. 7.	29	22,0	133
	rote Beeren	12. 9.	72	22,7	318
Capsicum annuum	rote Früchte (schnabelförmig)	30. 8.	217	14,8	1460
	grüne Früchte	2. 9.	141	7,4	1890
	rote Früchte	2. 9.	348	13,2	2630
Cornus mas	grüne Früchte	3. 7.	22	18,7	118
	rote Früchte	1. 9.	77	21,4	359
Hippophaë rhamnoides	grüne Beeren	19. 6.	248	19,8	1250
	rote Beeren	31. 8.	391	21,0	1850
	,,	3. 9.	270	17,3	1560
	,,	12. 9.	256	17,1	1500
	,,	19. 10.	329	14,1	2340
Crataegus monogyna	grünes Fruchtfleisch	19. 6.	51	30,3	168
	rotes Fruchtfleisch	6. 9.	64		
Prunus cerasus	unreife Früchte ohne Steine	18. 6.	15	9,5	153
	reife Früchte ohne Steine	18. 6.	17	12,3	139
Prunus spinosa	grüne, unreife Früchte	3. 7.	13	23,4	55
	blaue, reife Früchte	4. 9.	35	25,1	138
Rosa canina	rote Hagebutte ohne Kerne	12. 9.	545	35,2	1550
Rosa cinnamomea	rote Hagebutte ohne Kerne	5. 9.	1596	33,1	4820
Rosa rugosa	rote Hagebutte ohne Kerne	2. 9.	1060	23,2	4570
Rosa villosa f. pomifera	grüne Hagebutte ohne Kerne	7. 6.	366	21,9	1670
	rote Hagebutte ohne Kerne	4. 9.	1342	33,7	3980
	rote Hagebutte ohne Kerne	5. 9.	1546	34,8	4440
	rote Hagebutte ohne Kerne	26. 9.	1470		
Ribes grossularia	grüne, unreife Beeren	7. 6.	58	9,8	588
	reife Beeren	3. 7.	15	10,9	141
Ribes nigrum	grüne, unreife Beeren	6. 6.	336	15,1	2230
	braune, halbreife Beeren	6. 6.	261	14,7	1770
	schwarze, reife Beeren	6. 6.	214	15,2	1410
Ribes rubrum	grüne, unreife Beeren	7. 6.	52	13,0	399
	hellrote, halbreife Beeren	7. 6.	57	13,7	416
	rote, reife Beeren	7. 6.	58	14,0	415
Sambucus nigra	grüne, unreife Früchte	16. 7.	41	19,1	216
	reife Früchte	4. 9.	18	14,5	121

Tabelle 40. (Fortsetzung.)

		Datum	FG mg-% VC	TG %	TG mg-% VC
Sambucus racemosa	unreife Früchte	1. 6.	40	19,7	202
	reife Früchte	15. 8.	47	16,7	280
Solanum dulcamara	grüne, unreife Beeren	26. 7.	98	13,4	696
	rote, reife Beeren	16. 10.	226	16,9	1340
	,,	17. 10.	221	18,5	1190
Solanum lycopersicum	grüne Früchte	1. 9.	60	10,9	550
	reife Früchte	1. 9.	65	11,8	553
Solanum melongenum	reife Frucht	2. 9.	12	9,7	120
Sorbus aucuparia	grüne Beeren mit Kernen	18. 6.	35	17,6	197
	rote Beeren mit Kernen	12. 9.	62	21,6	289
Taxus baccata	grüner Arillus	24. 9.	65	17,1	382
	roter Arillus	8. 11.	35	14,1	247
Tropaeolum majus	grüne Früchte	17. 10.	198	18,2	1080
	reife Früchte	17. 10.	83	78,1	106
Cucumis sativa	geschälte grüne Frucht mit Samen	6. 9.	15	3,2	469
Phaseolus vulgaris	Früchte mit kleinen Samen	6. 9.	16	11,8	139

haltigen Fruchtfleisch auftreten. So bildet sich bekanntlich bei Tomatenfrüchten das Lycopin und beim Paprika das Capsanthin und Capsorubin erst bei der Fruchtreife.

Hagebutten und Sanddornbeeren. Auf zwei „Früchte", deren VC-Gehalt besonders groß ist, sei etwas ausführlicher eingegangen, nämlich auf die Hagebutte, die Sammelfrucht der Rose, und die Sanddornbeere *(Hippophaë rhamnoides)*. Die Streitfrage, welche von den beiden Früchten die „beste natürliche VC-Spenderin" sei, erstreckt sich bis in die Tagespresse. Hörmann (1941) glaubt, die Sanddornbeere „als die beste bisher bekannte VC-Spenderin" preisen zu dürfen, fand er doch einen VC-Gehalt von 500 bis 900 mg-% im FG, während er den Hagebuttenschalen Werte von 60—750 mg-% zuspricht. Aus der umfassenden Arbeit von v. Rathlef (1942) ergibt sich aber, daß es Rosenarten gibt, deren Hagebutten 2065 mg-% *(Rosa oxydon)*, 2033 mg-% *(Rosa rugosa* Schneezwerg), also mehr als das Doppelte des Maximalwertes der Sanddornbeere enthalten. Freilich führen andere Arten wesentlich weniger als 100 mg-% VC; so weist *Rosa cericea* nur 46 mg-% auf.

Aus unseren eigenen Analysen ist zu entnehmen, daß Hagebutten ohne Kerne der Heckenrose 545 mg-%, Beeren des Sanddorns 395—270 mg-% VC im FG enthalten. Die „Früchte" der „Königin der Blumen" scheinen uns hinsichtlich des VC-Gehaltes durch die Sanddornbeere nicht entthront. Es ist zudem wenig fruchtbar, zwei an Vitamin C so reiche Früchte gegeneinander auszuspielen. Wesentlich ist für die Wissenschaft die Tatsache, daß Sanddornbeere und Hagebutte zu den plasmochromen Früchten gehören. Für die Praxis wird der Ruf: „Hie Hagebutte — hie Sanddornbeere!" auch nicht ersprießlich sein. Es gilt vielmehr, alle verfügbaren natürlichen VC-Spender sich nutzbar zu machen (s. SCHROEDER und BRAUN 1945).

SABALITSCHKA und MICHELS (1946) berichten neuerdings über den VC-Gehalt von Sanddornbeeren aus dem Küsten- und Alpengebiet. Die aus dem Tiroler Inntal und dem badischen Rheintal stammenden Beeren weisen 740 bzw. 860 mg-% VC FG, die von der Nordküste Frankreichs und Eutin (Holstein) dagegen nur 120 bzw. 140 mg-% VC auf. Offensichtlich handelt es sich um verschiedene Ökotypen, also Rassen mit ungleich hohem VC-Spiegel, wobei den verschiedenen klimatischen und edaphischen Bedingungen nur eine untergeordnete Bedeutung zuzukommen scheint.

Äpfel. Über den AS- und VC-Gehalt der Äpfel sind wir durch die umfassenden Untersuchungen von MÖCKEL und WOLF (1942) und MÖCKEL, WOLF und DEGEN (1943) aufs beste unterrichtet. Die Angabe von ZILVA, KIDT und WEST (1938), daß in den reifen Äpfeln keine nennenswerten Mengen von DAS vorkommen, ist, wie die Untersuchungen von MÖCKEL und Mitarbeitern und unsere eigenen Analysen ergaben, nicht zutreffend; in manchen Sorten findet sich eine nicht zu vernachlässigende Menge von DAS. Die Bestimmung der AS genügt zur Kennzeichnung des VC-Gehaltes der Äpfel also nicht. Nach den Ergebnissen von MÖCKEL und Mitarbeitern sind Äpfel im allgemeinen AS- bzw. VC-reicher als in der Literatur angegeben wird; die titrimetrische Bestimmung des VC ist vielfach wohl nicht einwandfrei durchgeführt worden.

Ein Vergleich unserer Analysenresultate mit denen von MÖCKEL und Mitarbeitern konnte für unsere Methode ein Prüfstein sein, da diese Forscher mit aller Sorgfalt ihre Bestimmungen durchführten. Dank des großen Entgegenkommens von Herrn Dr. MÖCKEL-Wiesloch waren wir in der Lage, den AS- und VC-Gehalt einiger frischgeernteten Äpfel verschiedener Sorten des von ihm

Tabelle 41.

		FG mg-% AS	FG mg-% VC	TG %	TG mg-% VC
Ananasrenette	Fruchtfleisch ohne Schale von 3 Äpfeln	8	22	11,6	194
	Schale dieser 3 Äpfel	18	49	18,4	265
Weißer Winterkalvill	1 Schnitz ohne Schale, Südseite	25	30	17,8	170
	1 Schnitz ohne Schale, Westseite	19	28	17,8	159
	1 Schnitz ohne Schale, Ostseite	18	25	17,8	142
	1 Schnitz ohne Schale, Nordseite	18	22	17,8	126
	Schale des Apfels	29	51	15,8	326
Weißer Winterkalvill	Sonnenseite	33	37		
	Schattenseite	28	28		
Weißer Winterkalvill	Sonnenseite	9	13		
	Schattenseite	5	7		
Schöner aus Wiesloch	Schnitz mit Schale, rote Seite	15	40	11,1	362
	Schnitz mit Schale, grüne Seite	6	23	10,3	224
Schöner aus Wiesloch	Schale	26	83	16,2	508
	Fruchtfleisch	8	20	9,7	204
Schöner aus Wiesloch	Fruchtfleisch ohne Schale, rötere Seite	9	12		
	Fruchtfleisch ohne Schale, weniger rote Seite	2,5	6		
Schöner aus Wiesloch	Fruchtfleisch, rote Seite	1,5	8		
	Fruchtfleisch, grüne Seite	1	5		
Schöner aus Boskoop Sonnenapfel	Schnitze der roten Seite	17	23		
	Schnitze der gelben Seite	11	16		
Schöner aus Boskoop Schattenapfel	Schnitze der schwach roten Seite	10	14		
	Schnitze der gelben Seite	7	12		

und seinen Mitarbeitern untersuchten Sortiments zu bestimmen, so daß ein Vergleich seiner und unserer Ergebnisse ohne wesentliche Einschränkungen möglich ist.

Wenn trotz der prinzipiellen Übereinstimmung zwischen den von MÖCKEL und Mitarbeitern ermittelten und unseren Werten gewisse Abweichungen bestehen (s. Tabelle 42), so liegt das daran, daß

Tabelle 42.
In diese Tabelle sind von uns gefundene Höchstwerte eingetragen.

	Datum	FG				TG %	TG mg-% VC		
		mg-% AS	mg-% VC	MÖCKEL u. Mitarbeiter mg-% AS	MÖCKEL u. Mitarbeiter mg-% VC				
Weißer Winterkalvill. .	5. 10.	28	39	47		11,6	334	II	III
Schöner v. Wiesloch . .	19. 10.	15	40	13	19	11,1	362	II	III
Gelber Edelapfel . . .	5. 10.	10	21	29		7,8	265	I	III
Ananasrenette	11. 10.	8	22	20	27	11,6	194	I	II
Trierer Weinapfel . . .	3. 10.	7	20			12,9	156	I	II
Schöner aus Boskoop .	27. 10.	17	23	19	22	16,5	140	I	II
Minister Hammerstein .	11. 10.	6	11	8		10,0	108	I	I
Riesenboikenapfel . . .	11. 10.	3	9	7,5	8,5	11,0	83	I	I
Laxton Superb	11. 10.	4	9	7,0		11,3	82	I	I

schon die einzelnen Äpfel ein und desselben Baumes deutliche Unterschiede im AS- und VC-Gehalt aufweisen. „Sonnen- und Schattenäpfel" geben so unterschiedliche Werte wie Sonnen- und Schattenblätter, ja, die „Sonnenhälfte" des Apfels, die anthocyangerötet sein kann, weist in der Regel einen höheren VC-Gehalt auf als die anthocyanfreie „Schattenseite" (s. Tabelle 41). Dieses Verhalten ist so bekannt wie die Tatsache, daß die Schale im allgemeinen einen höheren AS- bzw. VC-Gehalt als das Fruchtfleisch besitzt (PAECH 1938, KESSLER 1939). Schnitze von größeren Äpfeln samt Schale enthalten weniger VC als solche kleinerer, weil bei diesen das Analysenmaterial einen verhältnismäßig größeren Schalenanteil aufweist als bei jenen.

Daß die Schale reicher an AS und VC ist als das Fruchtfleisch, ist nicht überraschend, da das Hautgewebe der Apfelfrucht vor der Reife reichlich Chloroplasten enthält, die sich im Laufe der Entwicklung mehr oder weniger zurückbilden. Die Schale des reifen Apfels befindet sich in demselben physiologischen Zustand wie das Herbstlaub und die Blumenblätter; es erfolgt nämlich ein Abbau der Primärpigmente der Plastiden und die Bildung von Sekundärpigmenten, wie Anthocyanen.

Zu der ernährungsphysiologischen Frage, ob die Äpfel als gute VC-Träger für die menschliche Ernährung anzusprechen sind oder nicht, brauchen wir nicht viel zu sagen, da MÖCKEL und Mitarbeiter sowie andere Autoren hierauf bereits eine befriedigende Antwort gaben. Nehmen wir den mittleren VC-Gehalt eines Apfels mit 20 mg-% im FG und 150 mg-% im TG an, so besitzt der Apfel gemäß unserer Gruppeneinteilung sehr wenig bzw. wenig

Tabelle 43.

	Datum	FG mg-% AS	FG mg-% VC	TG %	TG mg-% VC		
Acer platanoides geschälte Samen. . . .	7. 12.	12	21	52,7	39	I	I
Aesculus hippocastanum frische Samen	5. 10.	40	71	56,9	124	III	I
Aesculus hippocastanum 1 Jahr alte Samen. . .	13. 10.	2	6	90,9	7	I	I
Castanea vesca frische Samen	19. 10.	58	69	40,9	169	III	II
Cucurbita Pepo frische Samen	9. 9.	9	17	44,2	39	I	I
Fagus silvatica frische Samen	19. 10.	20	35			II	
Juglans regia ungeschälte Kotyledonen	19. 10.	8	31	91,7	34	II	I
Nigella sativa frische Samen	20. 10.	75	129	91,5	141	IV	II
Panicum miliaceum reife „Früchte"	17. 10.	1,5	5,5	80,1	7	I	I
Papaver somniferum unreife Samen.	29. 7.	18	27	20,3	135	II	II
Papaver somniferum reife Samen.	9. 9.	2	6	92,9	7	I	I
Petroselinum satium käufliche Samen. . . .	24. 1.	2	3	90,3	4	I	I
Phaseolus vulgaris reife trockene Samen .	16. 10.	2	34	84,4	41	II	I
Pisum sativum frische Samen	25. 9.	30	39	28,3	137	II	II
Quercus sessiliflora frische Samen, geschält	23. 10.	57	122	54,4	225	IV	II
Quercus sessiliflora frische Samen, geschält	28. 10.	20	159	58,6	271	IV	III
Quercus sessiliflora frische Samen, geschält mit Hautpulver behandelt	28. 10.	13	101	58,6	172	IV	II
Quercus sp. frische Samen, geschält	17. 10.	62	205	59,4	345	IV	III
Sinapis alba käufliche Samen. . . .	9. 9.	10	62	92,7	67	III	I
Soja hispida reife, noch weiche Samen	16. 10.	7	18	59,9	30	I	I
Zea mays Körner	13. 10.	3	10	84,5	12	I	I
Zea mays Körner	20. 10.	3 3	16 7	70,7 70,7	22 9	I	I

VC. Vergleicht man den Apfel mit manchem Beeren- und Steinobst oder Kopfsalat, Gurken und Walnüssen, also mit Pflanzenteilen, die ebenfalls roh gegessen werden, so stehen die Äpfel diesen nicht nach. Wenn man Kartoffeln als „gute Vitaminspender" preist, dann müssen auch die Äpfel als solche gelten, mindestens die Sorten mit einem VC-Gehalt von 20 mg-% im FG und mehr. Wird der tägliche VC-Bedarf des Menschen mit 50 mg eingesetzt, so kann man sagen, daß mit dem Verzehren von einigen Äpfeln der Gesamtbedarf gedeckt wird, vor allem wenn sie ungeschält gegessen werden.

Der VC-Gehalt in Samen.

Über den VC-Gehalt reifer, ruhender Samen liegen nur vereinzelte Angaben vor. Ist es bei Früchten schon sehr schwierig, den Reifezustand des Analysenmaterials anzugeben, so ist es bei den Samen in dieser Hinsicht noch schlechter bestellt, weil offensichtlich der an und für sich geringe VC-Gehalt der Samen bei der Reife und Nachreife rasch abnimmt. Aus diesem Grunde überrascht es nicht, daß die Angaben über den VC-Gehalt der Samen in der Literatur so widersprechend sind. WINTERSTEIN und FUNK (1933) und MOLDTMANN (1939/40) konnten in verschiedenen Samen keine AS nachweisen, während FUJITA und EBIHARA (1937) DAS in Bohnen-, Paprika- und Gurkensamen (23, etwa 12, etwa 30 mg-%) fanden. Da die Samen in der Regel reich an Oxydase sind, genügt die Bestimmung der AS nicht, wenn man ihren VC-Gehalt angeben will (s. Tabelle 43). Es ist ohne Zweifel richtig, daß viele reife Samen nur Spuren von AS bzw. VC enthalten. Wie die Tabelle 43 zeigt, kann man diesen Befund aber nicht verallgemeinern. Auf das FG bezogen, weisen gemäß unserer Gruppeneinteilung die Samen von *Nigella sativa* und *Quercus sp.* mittelmäßige VC-Mengen auf (vgl. KING 1936). In ruhenden Samen treten gewisse reduzierende Substanzen auf, die in chemischer Hinsicht noch nicht genügend bekannt sind. So werden Tellur-, Selen- (EIDMANN 1937) und Tetrazoliumsalze (LAKON 1942) durch Samengewebe reduziert. Es bedarf noch einer eingehenden Untersuchung, ob hierbei die AS eine Rolle spielt oder nicht. Auf diese wichtige Frage kann hier nicht eingegangen werden. Wir müssen uns mit der Tatsache bescheiden, daß in gewissen Samen beachtliche Mengen Dichlorphenolindophenol reduzierende Substanzen auftreten können.

Der VC-Gehalt in Drüsenhaaren und Honig.

Drüsenhaare hat HENKE (1936) als besonders reich an VC angesprochen und WEBER (1942) fand sowohl im Schleim von *Drosera* wie in den Drüsenzellen der Blumenblätter von *Fritillaria* reduzierende Substanzen, die er als VC ansieht. Im Bienenhonig soll nach SCHEUNERT und Mitarbeitern (zit. nach HÖRMANN 1941) auch VC vorkommen, besonders im Minzenhonig. Wir konnten dagegen in frischem Waben- und Schleuderhonig nur Spuren von VC feststellen (3 mg-%).

Von Birkenblättern abgeschabte Drüsenschuppen erwiesen sich dagegen sehr reich an VC; wir fanden 1442 mg-% im FG. Dieser Befund darf aber nicht überschätzt und physiologisch falsch gewertet werden. Wenn der Gehalt der Drüsenschuppen an VC zu demjenigen der Blätter in Beziehung gesetzt wird, so zeigt es sich, daß das in den Drüsenzellen enthaltene VC im Verhältnis zu dem des übrigen Blattgewebes zwar höher ist, es muß aber bedacht werden, daß im Mesophyll tote Zellen, die kein VC enthalten, vorliegen.

Wir halbierten eine größere Anzahl Birkenblätter längs der Mittelrippe in 2 Hälften und schabten jeweils von der einen Blatthälfte mittels eines rostfreien Messers die Drüsenschuppen ab. Die Analyse ergab folgende Werte:

Tabelle 44.

	Datum	mg-% VC im Frischgewicht	
		Drüsenhaltige Blatthälfte	Drüsenfreie Blatthälfte
Betula alba	26.4	536	549
	7.5	566	561

Das Ergebnis ist also eindeutig: Die in einem Birkenblatt vorhandene VC-Menge scheint in den Drüsenhaaren nicht in besonderem Maße angehäuft zu sein. Soweit es sich abschätzen läßt, kann man sagen, daß die Drüsenzellen keinen höheren VC-Gehalt als die übrigen lebenden Blattzellen enthalten.

Wenn WEBER im Nektar der Honiggrube *(Fritillaria)* 20 mg-% reduzierende Substanz, vermutlich AS angibt, so zeigt sich auch hier, daß die Exkretionsflüssigkeit arm an VC ist. WEBER hat die Feststellung getroffen, daß die Pflanze VC nach außen abscheidet; die Menge ist jedoch offensichtlich gering im Verhältnis zu dem im Blatt vorhandenen VC-Gehalt. Mit den Schlußfolgerungen, die sich aus diesen Befunden ziehen lassen, werden wir uns später befassen (s. S. 125).

Der VC-Gehalt in Rinden, Wurzeln und unterirdischen Organen.

Rinden. STROHECKER (1935) und HENKE (1936) fanden in Rinden kein VC, während MOLDTMANN „in der grünen Rinde eines mehrjährigen Zweiges von *Fraxinus excelsior* bis zu 40 mg-% AS gefunden" hat. Die grüne Rinde junger Zweige von *Rhamnus Frangula* ergab nach eigenen Analysen 107 mg-% VC im FG und 179 mg-% im TG. In der käuflichen Droge *Cortex Frangulae* fanden wir 28 mg-% reduzierende Substanz; in der weißen Rinde von *Betula alba* fanden sich 26 mg-% VC. Allerdings ist es fraglich, ob die ermittelten Titrationswerte der Faulbaum- und Birkenrinde als VC angegeben werden dürfen. Wenn es sich um VC handelte, dann sind die Rinden als arm an diesem anzusehen, was im Hinblick auf ihre histologische Struktur nicht überraschend ist, enthalten sie doch erheblich ins Gewicht fallende Gewebeteile toter Zellen.

Wurzeln und andere unterirdische Organe. Unterirdische Pflanzenorgane wie Wurzeln, Knollen, Rhizome und Zwiebeln gelten landläufig als VC-arm. So fand z. B. MOLDTMANN (1939/40) in Dahlienknollen keine AS und für Schwarzwurzeln gibt WACHHOLDER (zit. nach HÖRMANN 1941) 7 mg-% AS an. Selbst die Kartoffelknolle, die als wichtige VC-Quelle für die menschliche Ernährung gepriesen wird (PAECH 1938), weist maximal nur 50 mg-% auf und käme in Gruppe II (sehr wenig VC) unseres Einteilungsverfahrens. Meerrettichwurzeln sind bisher als einzige unterirdische Organe mit hohem VC-Gehalt bekanntgeworden; nach unseren Bestimmungen enthalten frische Wurzeln 162 mg-%, also nach unserer Gruppeneinteilung mittelmäßige Mengen an VC (s. Tabelle 45). Ebenfalls beachtliche VC-Mengen enthalten die Rhizome der Blutwurz und die Rhizomspitzen des Spargels. Wenn man nun nicht nur die FG, sondern auch die TG als Bezugseinheit beachtet, so fällt der VC-Reichtum der Rettiche und Radieschen, denen ein sehr hoher Wassergehalt eigen ist, auf (s. Tabelle 45). Bei den großen histologisch-anatomischen Unterschieden, die die verschiedenen unterirdischen Organe aufweisen, ist ein Vergleich ihres VC-Gehaltes naturgemäß nur bedingt zulässig und weit schwieriger als bei Blättern. Von einer Gegenüberstellung der Analysenbefunde von Wurzeln, Rhizomen, Zwiebeln usw. darf man nicht viel erwarten. Man muß sich wohl damit begnügen, daß sehr große Unterschiede als reell gelten können.

Es kann nicht unsere Aufgabe sein, für dieses oder jenes Wurzelgemüse als VC-Quelle für die menschliche Ernährung eine

Tabelle 45.

		Datum	FG mg-% VC	TG %	TG mg-% VC		
Solanum audigenum	Knollen	2. 9.	35	21,7	163	II	II
Solanum tuberosum	,,	26. 9.	45	21,7	208	II	II
		18. 12.	18	23,1	78	I	I
LÖHNER			0—17				
v. WENDT			2—50				
STEPP, KÜHNAU u. SCHROEDER			10—30				
SCHUPHAN			12				
Dahlia variabilis	,,	25. 9.	8	21,1	37	I	I
MOLDTMANN			0				
Helianthus tuberosus	,,	16. 10.	22	28,7	78	I	I
Scorzonera hispanica	Wurzeln	7. 9.	22	22,3	99	I	
LÖHNER			3				
WACHHOLDER			5—7				
DROESE u. BRAMSEL			3—5				
SCHUPHAN			3				
Allium cepa	Zwiebeln	3. 3.	7	7,2	104	I	I
		3. 3.	16	7,4	221	I	II
		2. 9.	15	13,5	110	I	I
LÖHNER			5—17				
WACHHOLDER			5—9				
DROESE u. BRAMSEL			9				
SCHUPHAN			11				
Allium sativum	,,	31. 1.	20	32,1	62	I	I
DROESE u. BRAMSEL			20				
Asparagus officinalis	Rhizom-Spitzen	30. 5.	51	17,1	296	III	III
	Rhizome ohne Spitzen	30. 5.	13	6,3	198	I	II
DROESE u. BRAMSEL			25				
DROESE u. BRAMSEL, Köpfe			75				
WACHHOLDER, Köpfe			28—29				
WOLF, Köpfe			90				
Cochlearia armoracia	Wurzeln	2. 9.	162	30,5	530	IV	IV
LÖHNER			110				
WACHHOLDER			64—100				
DROESE u. BRAMSEL			70				
RUDOLPH			100				
STEPP, KÜHNAU u. SCHROEDER			100				
SCHUPHAN			78				

Tabelle 45. (Fortsetzung.)

		Datum	FG mg-% VC	TG %	TG mg-% VC		
Raphanus sativus Radieschen	Knollen	1. 11.	22	2,9	754	I	IV
Löhner			22—47				
v. Wendt			25—50				
Rudolph			18—50				
Schuphan			16				
Rettich							
mit „Schale"	„	14. 10.	24	4,1	583	I	IV
ohne „Schale"		14. 10.	21	4,0	526	I	IV
Löhner			6—30				
Wachholder			20—55				
Droese u. Bramsel			23				
Schuphan			50				
Geum rivale	Rhizome	16. 4.	39	23,8	165	II	II
Potentilla tormentilla	„	5. 10.	76	55,3	138	III	II
Apium graveolens	Knolle	1. 2.	17	13,1	128	I	II
		7. 9.	31	19,1	160	II	II
Löhner			7—8				
v. Wendt			20				
Rudolph			10—20				
Wachholder			7—10				
Stepp, Kühnau u. Schroeder			10—20				
Schuphan			7				
Daucus carota	Wurzeln	2. 9.	20	17,9	109	I	I
Löhner			2—5				
Wachholder			4—6				
Stepp, Kühnau u. Schroeder			12—20				
Schuphan			4				

Lanze zu brechen, uns interessiert vielmehr hier das Ergebnis, daß unterirdische Organe solcher Arten einen relativ hohen Gehalt an VC haben, die sich durch einen hohen VC-Spiegel ihrer Blätter auszeichnen. Wie die Tabelle 45 zeigt, weisen die unterirdischen Organe der Cruciferen und Rosaceen die höchsten, die der Compositen dagegen eindeutig die niedrigsten Werte auf. Dieses Ergebnis ist nicht überraschend; Arten, die zu bevorzugter Bildung von VC neigen, sind in allen Organen relativ reich an dieser Substanz, da größere Mengen an autochthonem VC die Voraussetzung zur Deponierung größerer allochthoner VC-Mengen sind.

Tabelle 46.

		Datum	FG mg-% AS	FG mg-% VC	TG %	TG mg-% VC
Coralliorrhiza innata	Weber		41			
Neottia nidus avis	Giroud		11			
	Weber		26			
	Blüten	17. 5.	36	41	13,1	317
	Stengel ohne Blüten	17. 5.	0	4	9,6	37
	Wurzeln	17. 5.	17	11	11,2	100
Limodorum abortivum	Weber		8			
Monotropa hypopitys	Giroud		6			
Orobanche amethystea	Giroud		2			
Orobanche sp.	Moldtmann		0			
	Weber		2			
Orobanche lucorum auf Berberis vulgaris		7. 6.	7	24	15,6	156
Lathraea sp.	Moldtmann		0			
Lathraea squamaria	Erdsprosse	9. 5.	3	17	15,3	110
	Blütensprosse		3	38	13,4	287
Cuscuta sp.	Weber, Spitzenteile junger Sprosse		117			
	Blüten u. junge Früchte		39			
Cuscuta auf Solidago latifolia		4. 6.	48	59	15,0	397
Solidago latifolia	Blätter	4. 6.	31	89	28,7	309

Der VC-Gehalt saprophytischer und parasitischer Phanerogamen.

Zur Klärung der Frage, welche Beziehungen zwischen den Plastidenpigmenten und dem VC bestehen, scheinen vergleichende Untersuchungen von saprophytischen und parasitischen Phanerogamen besonders geeignet. Wenn wir, wie es in der Tabelle 46 geschehen ist, die in der Literatur vorliegenden Ergebnisse und unsere eigenen Analysenresultate zusammenstellen, so ergibt sich eindeutig, daß der VC-Gehalt mit der Verminderung der Chlorophyllmenge abnimmt; nur *Cuscuta* macht hiervon eine scheinbare Ausnahme. Während *Lathraea*, *Orobanche* und *Monotropa* nur Spuren von Chlorophyll aufweisen, finden sich in den braunen Sprossen von *Neottia nidus avis* geringe Mengen von Chlorophyll a, in den blaßgrünen von *Coralliorrhiza* dagegen größere Mengen von Chlorophyll a und b. Ob *Limodorum*, das auch nur geringe

Chlorophyllmengen führt, beide Komponenten oder nur Chlorophyll a enthält, muß noch festgestellt werden.

Wie bei den Pilzen wird von *Neottia* und *Monotropa* VC vermutlich aus dem vorliegenden Humussubstrat gebildet, indessen wir bei *Coralliorrhiza* eine VC-Synthese wie bei normalgrünen Pflanzen für möglich halten. Wie ist nun der beträchtliche VC-Gehalt von *Cuscuta*, in deren Gewebe nur Spuren von Chlorophyll vorhanden sind, zu erklären? Es ist zu bedenken, daß *Monotropa*, *Neottia*, *Limodorum* und *Coralliorrhiza* Saprophyten sind, die auf völlig oder nahezu freiem VC-Substrat wachsen. Die Wurzelparasiten *Orobanche* und *Lathraea* können VC wohl aus den grünen Wirtspflanzen beziehen, ihr physiologischer Kontakt findet aber an Organen, den Wurzeln, statt, die selbst nur geringen VC-Gehalt aufweisen (s. S. 107). Anders ist es bei *Cuscuta:* diese Pflanze schmarotzt in der Blattregion des Wirtes, also dort, wo die Synthese des VC stattfindet. Die auf *Solidago latifolia* wachsende *Cuscuta* weist weniger AS auf, als die von WEBER (1941) untersuchte, die vermutlich auf einer VC-reicheren Pflanze schmarotzte, als es die Compositen sind, denen gemäß unseren Analysen relativ wenig VC eigen ist. Wir werden in der Annahme nicht fehlgehen, daß die allochthone VC-Menge des Schmarotzers von der autochthonen des Wirtes abhängig ist. Wir möchten das VC von *Cuscuta* nicht als Produkt des eigenen Stoffwechsels, sondern als der Wirtspflanze geraubt ansehen. Leider ist es uns bis jetzt nicht gelungen, auf anderen Pflanzen schmarotzende *Cuscuta*-Sprosse in genügender Menge zu finden, so daß der endgültige Beweis unserer Auffassung noch aussteht.

Der VC-Gehalt in Pilzen.

Es ist eine umstrittene Frage, ob Pilze VC enthalten oder ob die reduzierende Eigenschaft des Extraktes der Pilzgewebe auf andere Substanzen zurückzuführen ist. Jedenfalls ist die Reduktionswirkung von Pilzextrakten in der Regel sehr schwach. Wenn die titrimetrisch ermittelten Werte als VC-Gehalte angesprochen werden, fallen die Pilze nach unserer Gruppeneinteilung bei Bezugnahme auf das FG mit wenigen Ausnahmen in die Gruppe I oder II, bei TG-Bezug infolge ihres hohen Wassergehaltes in die Gruppen II und III. Mit anderen Worten: Die Pilze enthalten sehr wenig oder wenig VC (s. Tabelle 47). Für Pfifferlinge, Semmel-Stoppelpilze und Schafeuter gibt MATHISSEN (1938; zit. nach

Tabelle 47.

	Datum	FG mg-% AS	FG mg-% VC	TG %	TG mg-% VC		
Amanita mappa Gelber Knollenblätterpilz	16. 10.	5	14	7,7	177	I	II
Amanita muscaria Fliegenpilz	4. 10.	4	8	4,9	169	I	II
Boletus bovinus Kuhpilz	4. 10.	1	10	3,8	275	I	III
Boletus subtomentosus Ziegenlippe	10. 10.	6	14	11,1	123	I	I
Clavaria aurea Goldgelber Korallenpilz	10. 10.	11	20	6,3	312	I	III
Clavaria ligula Zungenkeulenpilz . . .	10. 10.	3	45	15,6	286	II	III
Clitocybe laccata Bläuling	4. 10.	4	14	6,1	226	I	II
Clitocybe mellea Hallimasch	10. 10.	3	15	8,3	185	I	II
Coprinus atramentarius Falten-Tintling	2. 10.	3	6	5,9	101	I	I
Fistulina hepatica Leberpilz	10. 10.	4	152	10,5	1450	IV	V
Gomphidius viscidus Kuhmaul	4. 10.	1	6	4,4	141	I	II
Hydnum repandum Gelber Stoppelpilz . . .	10. 10.	10	23	8,3	274	I	III
Inoloma traganum Lila Dickfuß	10. 10.	5	15	6,6	233	I	II
Lactaria torminosa Gift-Reizker.	2. 10.	1	8	6,9	110	I	I
Lepiota procera Parasolpilz	10. 10.	7	12	8,5	138	I	I
Mycena rosea Rosa Helmpilz	10. 10.	3	13	9,8	130	I	I
Paxillus involutus Kahler Krempling . . .	7. 10.	3	13	7,2	179	I	I
Phallus impudicus Stinkmorchel	10. 10.	2	14	5,2	273	I	III
Pholiota mutabilis Stockpilz	10. 10.	12	37	12,0	304	II	III
Psalliota arvensis Schaf-Champignon . . .	7. 10.	4	19	8,2	229	I	II
Psalliota silvatica Wald-Champignon . . .	4. 10.	4	11	6,6	171	I	II
Russula rubra Speise-Täubling	2. 10.	0	3	12,6	22	I	I
Stropharia viridula . . . Grünspanpilz	4. 10.	4	23	5,5	422	I	III
Suillus castaneus Zimtröhrling	4. 10.	6	31	7,3	427	II	III
Tricholoma equestre Grünling	10. 10.	4	21	6,8	309	I	III
Tricholoma rutilans Purpurfarbiger Ritterling	4. 10.	5	19	4,6	404	I	III
Bierhefe	21. 11.	2	2	11,7	16	I	I
Bäckerhefe, Preßgut . . .	7. 10.	2	4	26,9	16	I	I

LUNDE 1940) die Werte an: 13,5 und 6 mg-%. Ähnliche Werte teilt LÖHNER (1941) von zahlreichen anderen Pilzen mit, macht aber dabei den berechtigten Vorbehalt, daß außer VC auch noch andere reduzierende Stoffe in Frage kommen können. MATHISSEN und ASCHEHONG (zit. nach LUNDE 1940) haben übrigens VC in Speisepilzen auch auf biologischem Wege bestimmt, so daß wohl ein gewisser Teil der reduzierenden Substanz in Pilzgeweben VC ist.

LÖHNER fand auffallenderweise beim Schmierling *(Gomphidius)* 70—92 mg-% AS. In unseren Bestimmungen ergab *Fistulina hepatica*, der Leberpilz, merkwürdigerweise auch einen hohen Wert an VC, während der AS-Gehalt sehr gering ist. Wenn die Dichlorphenolindophenol reduzierende Substanz VC ist, dann enthielte der Leberpilz mittelmäßig viel an diesem Vitamin.

Uns braucht hier die den Praktiker interessierende Frage, in welchem Maße die Pilze als VC-Spender in Betracht kommen, nicht weiter zu beschäftigen; wichtig ist für uns vielmehr das Ergebnis, daß auch plastidenfreie Gewebe VC enthalten und dieses offensichtlich selbst aus anderen organischen Substanzen zu bilden vermögen. Im Bodensubstrat, im Humus, findet sich kein VC, hingegen aber Vitamin B_1, wie die Untersuchungen von BONNER und GREENE (1938/39) ergaben, was für die Entwicklung aneurinheterotropher Pilze von Bedeutung ist. Saprophytische plastidenfreie Phanerogame oder solche, bei denen der photosynthetische Apparat reduziert ist *(Neottia nidus avis)*, wiesen in Übereinstimmung mit den Pilzen auch nur sehr geringe Mengen VC auf, ausgenommen *Cuscuta* (s. S. 111). Daß wir diese Ausnahme damit erklären, daß dieser Parasit sein VC aus den chlorophyllhaltigen Wirtspflanzen mit anderen Stoffen aufnimmt, haben wir S. 111 erörtert.

Da in Pilzen Mannose, Mannit und andere Kohlenhydrate gefunden wurden (WEHMER, THIES und HADDERS 1932, GRAMBERG 1939), ist es wahrscheinlich, daß sich auch VC in Pilzen bilden kann, also auch hier das VC ein Stoffwechselprodukt wie bei den Phanerogamen ist.

Die Veränderung des VC-Gehaltes bei der Silierung.

LINK (1937) und EICHHOLTZ (1941) sind auf Grund einer AS- und VC-Bestimmungsreihe der Weißkrauteinsäuerung (Sauerkraut) zu dem Ergebnis gelangt, daß „im Beginn des Gärungsvorganges das VC bis auf Spuren zerstört wird, und daß erst in einer zweiten

Tabelle 48. (Nach LINK.)

	Freier Weißkrautsaft									Weißkrautpreßsaft der obersten Schicht			Weißkraut-preßrückstände der obersten Schicht		
	unterste Schicht			mittlere Schicht			oberste Schicht								
	ungefähr . . . mg-%			ungefähr . . . mg-%			ungefähr . . . mg-%			ungefähr . . . mg-%			ungefähr . . . mg-%		
	AS	DAS	VC	AS	DAS	VC	AS	DAS	VC	AS	DAS	VC	AS	DAS	VC
0. Tag	0,24	15,16	15,4	0,24	15,16	15,4	0,24	15,16	15,4	0,27	16,33	16,6	0,105	4,7	4,8
7. Tag	2,95	2,65	5,6	9,4	1,2	10,6	5,08	1,93	7,05	13,8	—0,5	13,3	11,4	3,7	15,1
16. Tag	21,8	3,5	25,3	21,0	1,6	22,6	12,7	0,3	13,0	15,6	9,4	25,0	1,02	3,7	4,75
25. Tag	25,0	1,4	26,4	27,8	0,2	28,0	14,0	1,2	15,2	15,4	5,9	21,3	1,11	1,35	2,46
32. Tag										19,9	0,3	20,2	1,38	1,74	3,12
42. Tag	24,1	0,6	24,7	23,5	2,8	26,3	2,64	1,21	3,85	13,3	7,4	20,7	0,93	8,47	9,4

Gärperiode eine Neubildung des Vitamins einsetzt, wahrscheinlich durch die Tätigkeit bestimmter Bakterien oder Hefen" (EICHHOLTZ 1941, S. 16). LINK, auf dessen Versuchsergebnis sich EICHHOLTZ stützt, spricht von einer anaeroben VC-Synthese, die mit der von GUHA und GOSH (1936) angegebenen aeroben Biosynthese von VC nichts zu tun haben soll. Mit diesem Problem wollen wir uns hier nicht beschäftigen, sondern nur auf die Frage unser Augenmerk richten, ob sich tatsächlich der sichere Nachweis erbringen läßt, daß während der Silierung durch Mikroorganismen, die im Gärgut leben, „eindeutig eine Neubildung von VC" erfolgt.

Wenn wir LINK (1937) richtig verstanden haben (seine Versuchsangaben und mitgeteilten Protokolle sind nicht ganz vollständig, sowie seine Schlußfolgerungen nicht immer zwingend), so soll der zu seinem Versuch verwendete Weißkohl nur DAS, aber keine AS enthalten haben, was er mit dessen längerer Lagerung erklärt. LINK hat nämlich seinen Versuch im Februar mit eingekellertem Weißkohl durchgeführt. Auch im freien Saft verschiedener Zonen des frisch eingestampften Weißkohls sind am Beginn des Versuches keine nennenswerten AS-Mengen vorhanden. Nach 7 Tagen ist im Saft der Silage zwar der AS-Gehalt erheblich angestiegen, der Gehalt an DAS jedoch ungleich stärker gefallen, was sich in einem Rückgang des VC-Gehaltes ausdrückt (s. Tabelle 48). LINK läßt die Frage offen, ob die AS aus der DAS entstanden ist oder sich neu gebildet hat. Nach 16 und weiteren Tagen nimmt die AS-Menge im freien Saft weiter zu, indessen der DAS-Gehalt keine größeren Schwankungen aufweist. Aus diesen Befunden folgert LINK, daß eindeutig eine Neubildung von VC erfolgte, „die (bezogen auf die Werte nach 7 Tagen) zu einem Anstieg der reduzierten AS auf das rund 7fache, der oxydierten auf das 3fache führte". Letzteres ist unrichtig; es soll wohl Gesamt-VC heißen. Abgesehen davon trifft die von LINK gezogene Schlußfolgerung übrigens nur für den freien Silagesaft zu, nicht aber für die Krautblätter. Auch die Formulierung, „daß im Beginn des Gärvorganges das VC bis auf Spuren zerstört wird" (EICHHOLTZ), kann sich nur auf den freien Saft, nicht aber auf die Kohlblätter, den festen Silageteil beziehen. Der AS-Gehalt des Blätterpreßsaftes und der Preßrückstände nimmt gegenüber dem 0. Tag ebenfalls zu, während das Gesamtvitamin nur eine geringe Steigerung erfährt, die keineswegs gesichert erscheint. Da sich LINK mit einer Versuchsreihe begnügt hat und er die Fehlergrenze seiner Bestimmungsmethode nicht angibt, können wir Zweifel über die Zuverlässigkeit seiner Bestimmungen nicht unterdrücken. Wenn LINK am 7. Tag bei der Bestimmung des Weißkrautpreßsaftes der obersten Schicht 14,8 mg-% AS und nur 13,1 mg-% VC findet, deutet dies auf eine gewisse Unsicherheit seiner Bestimmungsmethode hin.

Die grundsätzliche Bedeutung, die die angebliche Neubildung von VC bei der Weißkrauteinsäuerung für das Gesamtproblem der VC-Funktion in der Pflanze hat, rechtfertigt eine nochmalige Untersuchung des VC-Gehaltes in der Silage. Aus diesem Grunde machten wir selbst eine Serienuntersuchung von 2 Weißkraut-einsäuerungen, über deren Ergebnis wir im folgenden berichten (Tabelle 49 und 50):

In beiden Fällen wiesen die Krautköpfe, die zur Silierung verwendet wurden AS in relativ beträchtlicher Menge auf (s. Tabelle 49 und 50). Gelagerter Wirsing hatte nach unseren Bestimmungen (Januar, s. S. 69) ebenfalls AS, so daß es wahrscheinlich ist, daß auch in dem Weißkraut, das LINK verwendet hat, auch noch AS vorhanden war, diese aber bei der Aufarbeitung zur Titration in DAS überging. Das sei nur nebenbei bemerkt. In Übereinstimmung mit LINK konnten wir feststellen, daß in unserem ersten Versuch der AS-Gehalt des freien Saftes in den ersten 9 Tagen zunimmt, bis zum 22. Tag annähernd konstant bleibt, um sodann rasch

Tabelle 49.

Tage	Saft mg-% AS	Kraut mg-% AS	Saft mg-% VC	Kraut mg-% VC	Kraut mg-% VC in der Trokkensubstanz	5 Liter Saft g AS	10 kg Kraut g AS	15 kg Saft u. Kraut g AS	5 Liter Saft g VC	10 kg Kraut g VC	15 kg Saft u. Kraut g VC
0		33,0		43,3	517			4,950			6,450
1	0,1	37,9	7,0	47,3		0,005	3,790	3,795	0,350	4,730	5,080
4	5,3	30,8	7,1	35,6	354	0,264	3,080	3,344	0,355	3,560	3,915
5	7,1	13,9	8,9	18,5		0,353	1,390	1,743	0,446	1,850	2,296
7	10,7	7,7	12,3	12,8	131	0,528	0,766	1,294	0,615	1,280	1,895
9	11,3	12,0	13,4	15,7	160	0,566	1,200	1,766	0,668	1,570	2,238
11	10,6	11,9	12,1	16,5	172	0,530	1,190	1,720	0,603	1,650	2,253
13	10,7	11,7	13,4	15,7	163	0,533	1,170	1,703	0,672	1,570	2,242
15	11,5	14,1	12,6	19,1	206	0,574	1,410	1,980	0,632	1,905	2,537
18	10,7	13,1	12,9	14,6	163	0,535	1,306	1,841	0,644	1,458	2,100
20	10,8	12,9	13,6	16,0	185	0,542	1,290	1,832	0,682	1,604	2,286
22	10,6	10,7	12,1	13,9	152	0,530	1,070	1,600	0,603	1,391	1,994
25	2,0	5,2	8,4	10,8	117	0,102	0,516	0,618	0,421	1,077	1,498
32	0,1	0,6	7,7	9,9	107	0,006	0,060	0,066	0,383	0,990	1,373

Tabelle 50.

Stunden	Tage	Saft mg-% AS	Kraut mg-% AS	Saft mg-% VC	Kraut mg-% VC	Kraut mg-% VC Trockensubstanz	
					50,3	596	Silierungsmaterial
1/2		0,4		15,5			
6 1/2		0,6	37,9	16,5	50,8	480	obere Schicht
24	1	0,2	45,1	6,1	49,5	439	obere Schicht
	7	0,1	18,9	9,4	28,9	281	obere Schicht
	10		22,7		30,9	302	obere Schicht
	10		26,8		34,7	357	untere Schicht
	17		24,8		26,3	344	obere Schicht
	47		25,1		26,9	338	unter der obersten Schicht

abzusinken. Der beim Einstampfen entstehende freie Saft weist keine nennenswerte Menge an AS und nur geringe Mengen an VC auf; offensichtlich wird die mit dem Saft ausgepreßte AS vollständig durch den Luftsauerstoff zu DAS oxydiert. Durch die Beschwerung des Silagegutes tritt im Laufe weiterer Tage aus den Blättern weitere AS aus, die jedoch nicht oxydiert wird, weil ja bekanntlich bei sachgemäßer Silierung anaerobe Bedingungen geschaffen werden.

Der VC-Gehalt des freien Saftes zeigt aber im Gegensatz zu LINKs Befunden keine Abnahme, sondern ebenfalls eine, wenn auch geringe Zunahme (s. Abb. 2). Wir fassen aber weder die

Zunahme des AS- noch des VC-Gehaltes des Saftes als eine Neubildung auf, sondern als ein Zuströmen von AS bzw. VC aus den Weißkrautblättern, die selbst sowohl im AS- wie im VC-Gehalt eine Abnahme aufweisen! Die Schwankungen, welche die Einzel-

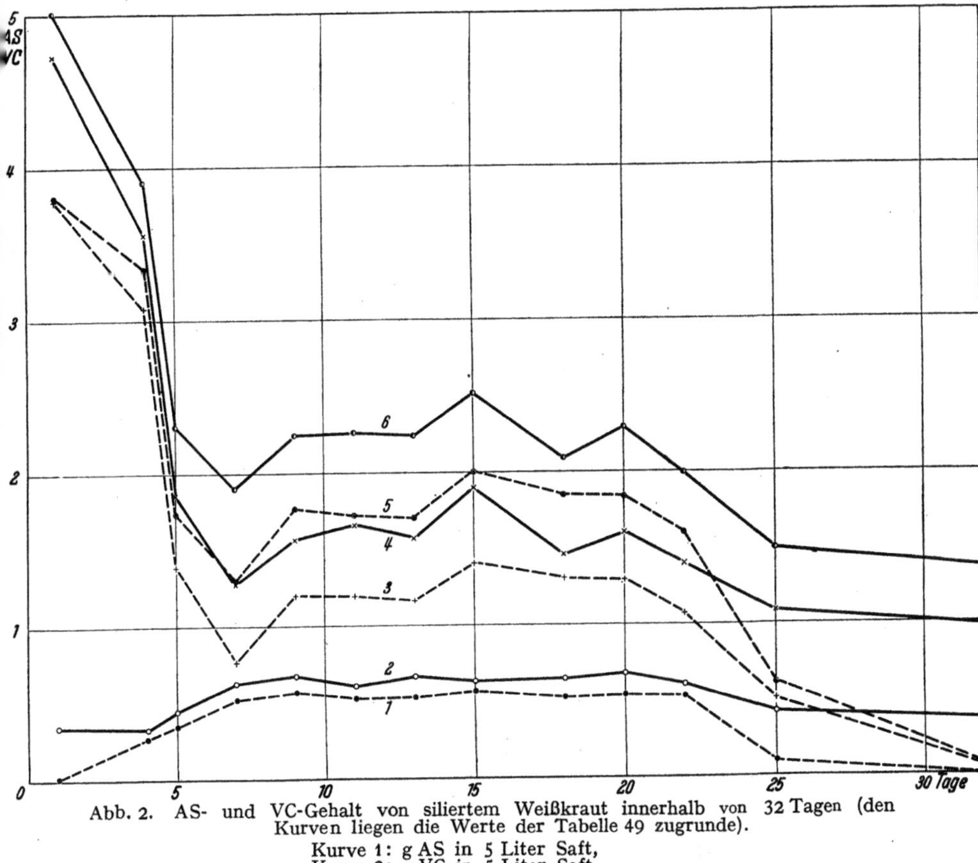

Abb. 2. AS- und VC-Gehalt von siliertem Weißkraut innerhalb von 32 Tagen (den Kurven liegen die Werte der Tabelle 49 zugrunde).

Kurve 1: g AS in 5 Liter Saft,
Kurve 2: g VC in 5 Liter Saft,
Kurve 3: g AS in 10 kg Kraut,
Kurve 4: g VC in 10 kg Kraut,
Kurve 5: g AS in 15 kg Saft und Kraut,
Kurve 6: g VC in 15 kg Saft und Kraut.

werte zeigen, sind ohne Zweifel auf die Verschiedenheit des Materials zurückzuführen; schon allein der Umstand, daß die Blatteile nicht ganz gleichmäßig viel Saft enthalten, dürfte die gefundenen Schwankungen bedingen. Daß sich zwischen dem AS- und VC-Gehalt des Krautes und des freien Saftes im Laufe der Zeit ein Gleichgewichtszustand einstellt, ist eigentlich selbstverständlich.

Das wesentliche Ergebnis des ersten Versuches trat auch in dem zweiten auf: Der Gehalt an AS und VC im Saft und in den Krautblättern nimmt während der Silage zuerst rasch, später langsam ab. Der Anstieg des AS- und VC-Gehaltes im freien Saft ist lediglich dadurch bedingt, daß ein Teil der aus den Blättern austretenden AS bzw. das VC im Silierungstopf relativ beständig ist. Es tritt in den ersten Tagen eine Verlagerung der AS und des VC zwischen den Krautblättern und dem freien Silierungssaft ein, die einem Gleichgewicht zustrebt. Von der Neubildung von AS bzw. VC kann keine Rede sein; fände eine solche statt, dann müßte das Silierungsgut zeitweilig keine AS bzw. VC enthalten und zu einem späteren Zeitpunkt wieder VC aufweisen.

Aus den Angaben von LINK ist eine Neubildung unseres Erachtens auch nicht zu entnehmen; denn das Absinken und das Ansteigen des VC-Gehaltes sind als Verlagerung des Vitamins zwischen Kraut und Saft aufzufassen, wobei zu Beginn der Gärung tatsächlich erhebliche Verluste an AS und VC im freien Saft auftreten. Wenn LINK im Ausgangsmaterial nur 16 mg-% VC fand, so erscheint uns dieser Wert an sich zu niedrig. Das von uns verwendete Kraut hatte 43 bzw. 50 mg-% VC. Die in der Literatur zur Verfügung stehenden Werte sind, soweit sie zuverlässig erscheinen, auch höher als die von LINK angegebenen, ausgenommen diejenigen von LÖHNER (1941), die nur den AS-Gehalt darstellen und, wie schon öfters erwähnt, nicht den wahren Sachverhalt wiedergeben. Daß bei der Lagerung des Kohles eine Verminderung an VC eintritt, sei keineswegs bestritten; LUNDE (1940) gibt hierfür zahlreiche Belege. Wenn wir LINK zugestehen, daß bei seinem Kohl 30% des VC abgebaut waren, wie JARUSSOWA und SAVELJEWA (zit. nach LUNDE 1940, S. 160) angeben, läge der VC-Gehalt seines Kohles noch sehr niedrig.

Als Gesamtergebnis müssen wir feststellen, daß auf Grund unserer Untersuchungen bei der Weißkohleinsäuerung keine Neubildung von AS und VC durch die Tätigkeit von Mikroorganismen (Bakterien und Hefen), sondern im Silierungsgut eine stetige Abnahme von AS und VC erfolgt. Wenn Mikroorganismen zur biologischen Synthese (d. h. Bildung von AS und VC aus vorliegenden Kohlenhydraten oder Säuren) fähig sind, so ist die dabei auftretende Menge im Verhältnis zu dem AS- bzw. VC-Gehalt des Gärgutes (Krautes) so gering, daß sie im Silageversuch nicht nachweisbar ist.

Mit der Feststellung, daß bei der Gärung keine Neubildung von VC erfolgt, wird die Bedeutung der Einsäuerung als Konservierungsmittel von Gemüsen nicht beeinträchtigt. Die Silierung ist ohne Zweifel eine Konservierungsmethode, bei der ein erheblicher Teil des VC-Gehaltes des Gärgurtes lange Zeit erhalten bleibt, so daß man EICHHOLTZ beipflichten kann, wenn er — wie die jahrhundertelange Erfahrung lehrt — das Sauerkraut als eine wesentliche VC-Quelle für die menschliche Ernährung empfiehlt.

In der Literatur finden sich übrigens mehrere Angaben über den VC-Gehalt von eingesäuerten Gemüsen (s. LUNDE 1940). Außer GOSH und GUCHA sowie BISWAS und GOSH (zit. nach LUNDE) wird von keiner Seite eine Vermehrung des VC-Gehaltes des Gärgurtes gegenüber dem Frischmaterial angegeben. Zahlreiche Forscher fanden vielmehr einen mehr oder weniger starken Rückgang.

Der VC-Gehalt polyploider Pflanzen.

Vergleichende Untersuchungen über den VC-Gehalt diploider und polyploider Sorten von Tomaten, Äpfeln und Hagebutten die SANSOME und ZILVA (1933, 1936), KEY (1933) und SCHROEDERHEIM (1941) durchführten, ergaben kein einheitliches Bild. Der größere VC-Reichtum Polyploider, der in manchen Fällen auftrat, ist jedenfalls nicht ausreichend gesichert.

Dank dem Entgegenkommen des Herrn Dr. SCHWANITZ, der uns von zahlreichen Polyploiden und den vergleichbaren normalen Diplonten Untersuchungsmaterial zur Verfügung stellte, konnten wir den Versuch unternehmen, die strittige Frage zu klären. Die Analysenresultate sind in Tabelle 51 zusammengestellt. Aus diesem Zahlenmaterial läßt sich keine gültige Regel ableiten. Wenden wir uns zunächst den Bestimmungen von VC in Blättern zu. In 9 von 25 Fällen wiesen die Polyploiden, wenn das FG als Bezugseinheit gewählt wird, mehr VC auf als die Diplonten. Wenn man das TG zugrunde legt, so ergibt sich, daß in 11 von 22 Fällen die Polyploiden mehr VC als die Diploiden haben. Übrigens sind die Unterschiede im VC-Gehalt zwischen 2n- und 4n-Pflanzen oft so gering, daß sie ohne jede Bedeutung sind. Die Vermehrung des Genoms bedingt auf Grund unserer Bestimmungen also keine Veränderung des VC-Gehaltes in Blättern.

Bei Kürbisfrüchten und Rettichwurzeln sind die Ergebnisse ähnlich. Zwar ist bei FG-Bezug der Gehalt an VC bei 4n-Pflanzen

Tabelle 51.

			Datum	FG mg-% VC	TG %	TG mg-% VC	Übergewicht an VC FG	Übergewicht an VC TG
Apium graveolens	Blattfiedern	2n	5. 10.	151	17,8	851	+	+
	,,	4n	5. 10.	149	17,2	840		
Beta vulgaris Zuckerfutterrübe „Ovana“	Blätter	2n	5. 9.	112	15,9	704	+	+
	,,	4n	5. 9.	60	12,1	497		
Brassica oleracea f. acephala Grünkohl	,,	2n	25. 8.	239	17,8	1350	+	+
	,,	4n	25. 8.	184	15,2	1210		
	,,	2n	18. 10.	216	14,9	1450	+	
	,,	4n	18. 10.	214	13,1	1630		+
Brassica oleracea f. capitata Weißkraut	,,	2n	25. 8.	153	13,0	1180		+
	,,	4n	25. 8.	168	15,0	1120	+	
Brassica oleracea f. sabauda Wirsing	,,	2n	25. 8.	195	18,6	1050		
	,,	4n	25. 8.	205	16,8	1220	+	+
Brassica Rapa var. silvestris Rübsen	,,	2n	5. 9.	201	16,8	1200		+
	,,	4n	5. 9.	207	22,6	914	+	
Capsicum annuum milde Sorte	,,	2n	20. 9.	211	19,1	1110	+	+
	,,	4n	20. 9.	191	19,8	964		
scharfe Sorte	,,	2n	20. 9.	233				
	,,	4n	20. 9.	235			+	
Cichorium intybus	,,	2n	27. 9.	80	12,9	622	+	
	,,	4n	27. 9.	76	10,1	750		+
Cucurbita maxima	,,	2n	20. 9.	131	18,1	723		
	,,	4n	20. 9.	143	16,0	889	+	+
	Fruchtfleisch	2n	20. 10.	16	4,1	384		+
	,,	4n	20. 10.	28	9,3	304	+	
	,,	2n	18. 10.	20	4,3	479		+
	,,	4n	18. 10.	38	8,9	422	+	
Cucurbita pepo	Blätter	2n	20. 9.	185	13,9	1340	+	+
	,,	4n	20. 9.	157	14,9	1050		
	Fruchtfleisch	2n	18. 10.	12	3,5	342		+
	,,	4n	18. 10.	19	10,1	185	+	
Digitalis ambigua	Blätter	2n	5. 10.	120	26,3	455	+	
	,,	4n	5. 10.	107	20,8	514		+
Digitalis ferruginea	,,	2n	29. 9.	131	24,3	538	+	+
	,,	4n	29. 9.	97	19,9	488		
Digitalis lanata	,,	2n	29. 9.	189	20,5	926	+	+
	,,	4n	29. 9.	157	23,2	678		
Digitalis lutea	,,	2n	29. 9.	97	24,9	392		
	,,	4n	29. 9.	100	22,4	449	+	+
Digitalis purpurea	,,	2n	29. 9.	153			+	
	,,	4n	29. 9.	138				
Digitalis thapsi	,,	2n	5. 10.	89	14,9	597		
	,,	4n	5. 10.	108	14,5	774	+	+
Majorana hortensis	,,	2n	5. 10.	97	13,5	517		
	,,	4n	5. 10.	107	17,8	602	+	+

Tabelle 51. (Fortsetzung.)

			Datum	FG mg-% VC	TG %	TG mg-% VC	Übergewicht an VC FG	Übergewicht an VC TG
Raphanus sativus	Blätter	2n	25. 8.	283	15,4	1830	+	
	,,	4n	25. 8.	271	14,6	1850		+
	Wurzeln	2n	5. 9.	37	7,5	485	±	+
	,,	4n	5. 9.	37	8,1	452	±	
Salvia officinalis	Blätter	2n	27. 9.	94	18,3	514	+	
	,,	4n	27. 9.	85				
Salvia sclarea	,,	2n	27. 9.	50	11,4	439	+	
	,,	4n	27. 9.	41	8,0	521		+
Sinapis alba	,,	2n	5. 9.	170	9,8	1730	+	+
	,,	4n	5. 9.	155	12,9	1200		
Solanum lycopersicum	,,	2n	27. 9.	94	12,9	730		
	,,	4n	27. 9.	96	11,2	854	+	+
Thymus vulgaris	,,	2n	10. 11.	121	26,8	451	+	+
	,,	4n	10. 11.	63	30,8	206		

höher, bei TG-Bezugnahme haben aber die 2n-Pflanzen den höheren Gehalt. Diese Umkehrung ist dadurch bedingt, daß die polyploiden gegenüber den diploiden Organen ein höheres prozentuales TG aufweisen.

Schlußbetrachtung.

Die vorliegende Abhandlung, in der die VC-Gehalte von rund 400 Pflanzenarten mitgeteilt worden sind, wird für spezielle Fragen der Vitaminforschung und der Praxis von Wert sein. An sich besteht kein Mangel an umfassenden Darstellungen der VC-Gehalte von Pflanzen. Leider sind aber viele der bisher vorliegenden Daten mit so erheblichen Fehlern belastet, daß sie als unrichtig oder unsicher für die wissenschaftliche Forschung und die Praxis ausscheiden müssen. Wir haben unsere vorliegenden, vergleichend-biochemischen Bestimmungen über die VC-Gehalte der Pflanzen nicht deshalb angestellt, um die in der Literatur vorhandenen VC-Werte zu prüfen und zu revidieren, sondern um das Problem der Funktion dieses Vitamins in der Pflanze kennenzulernen. Bei den bestehenden Schwierigkeiten, diese Frage zu beantworten, war es notwendig, von verschiedenen Seiten an die gestellte Aufgabe heranzugehen, und einer der Ausgangspunkte kann die vergleichende quantitative Analyse sein, die wir auf breiter Basis durchgeführt haben. Dabei hat sich ein umfangreiches Zahlenmaterial ergeben, das hier als erster Teil einer von uns in Angriff genommenen Forschungsaufgabe dargestellt worden ist.

Die Behandlung einer jeden physiologischen Frage tritt mehr oder weniger bald in eine Phase ein, in der die „sichere Zahl“ von grundsätzlicher Bedeutung ist und nur eine quantitative Bearbeitung überhaupt einen Fortschritt ermöglicht. In diesem Stadium befindet sich heute das Problem der funktionellen Bedeutung der Vitamine für die Pflanze selbst. Unsere spezielle Frage, welche Funktion dem VC in den physiologischen Prozessen der Pflanze zukommt, kann nur behandelt werden, wenn der VC-Gehalt der Zellen, der Gewebe und der Organe sicher ermittelt worden ist.

Aus diesem Grunde haben wir der titrimetrischen Bestimmungsmethode von VC, auf den Ergebnissen und Erfahrungen anderer Forscher fußend, besondere Sorgfalt gewidmet. Wenn die Methode von TILLMANS, deren wir uns bedient haben, auch nicht vollkommen spezifisch ist, so wird die Gleichsetzung der mit dieser Methode ermittelten Reduktionswerte mit AS doch nur mit so geringen Fehlern behaftet sein, daß sie nicht ins Gewicht fallen. Der prinzipiellen Forderung, auch die biologische Bestimmung des VC-Gehaltes eines Materials im Tierversuch vorzunehmen, verschließen wir uns nicht. Doch müssen wir zu bedenken geben, daß der Tierversuch auch unvermeidliche Fehler enthält. So haben wir auf S. 21 auf einen Faktor aufmerksam gemacht, der eine Verminderung des wahren VC-Wertes des verabreichten Futters bedingt. Da das Versuchstier (Meerschweinchen) nämlich das Futter nicht quantitativ resorbiert, sondern im Kot einen Teil ungenützt ausscheidet, muß der biologisch ermittelte Wert von VC unter dem titrimetrisch festgestellten liegen. Wenn bei der titrimetrischen Methode die geforderten Kautelen eingehalten werden, halten wir es für sehr wahrscheinlich, daß die so ermittelten Reduktionswerte der Extrakte, die wir aus pflanzlichen Geweben mit der nötigen Sorgfalt hergestellt haben, nur auf der reduzierenden Eigenschaft der AS beruhen. Da jedoch bei der Aufarbeitung des Analysenmaterials trotz Stabilisierung der AS mit Metaphosphorsäure ein mehr oder wenig großer Teil dieser in DAS übergeht, genügt die Bestimmung der im Extrakt vorhandenen AS nicht, vielmehr muß die in vivo vorhandene oder in vitro sich bildende DAS durch Reduktion in AS übergeführt werden. Bei der Mehrzahl der in der Literatur vorliegenden Untersuchungen ist aber diese unerläßliche Forderung nicht erfüllt, so daß schon allein aus diesem Grunde sehr viele der Literaturangaben über die VC-Gehalte in Pflanzen unrichtig sind. Der Gesamtgehalt an VC stellt die Summe der AS + DAS dar. In welchem Verhältnis diese beiden Größen in den lebenden Geweben vorliegen, kann auf Grund des Analysenbefundes allerdings nicht gesagt werden, da sich das Gleichgewicht AS $\rightleftarrows$ DAS je nach der Aufarbeitung des Analysenmaterials in wechselndem Ausmaß verschiebt (s. Tabelle 2). Der vielfach bis in die jüngste Zeit verbreiteten Ansicht, daß der Betrag an DAS in den Extrakten so gering sei, daß er vernachlässigt werden und man sich die technisch umständliche Reduktion ersparen könne, stimmen wir nicht zu. Sichere Werte des VC-Gehalts eines Objektes kann man mit der bloßen Bestimmung der AS eines Extraktes nicht erhalten. Beispiele hierfür stellen die Blätter von *Sanicula europaea* und *Cirsium oleraceum* dar (s. Tabelle 2).

Wenn der Gesamt-VC-Gehalt der aus den Pflanzengeweben gewonnenen Extrakte bestimmt wird, kann zunächst über die Lokalisation des VC in den Zellen wenig ausgesagt werden (s. weiter unten); auch die Frage, ob VC an Eiweiß gebunden, also als Askorbinogen vorhanden ist, läßt sich ohne mikrochemische Bestimmungen in einzelnen Zellen einwandfrei nicht beantworten. Aufschlüsse der Pflanzengewebe mit HCl, die gebundene AS von Eiweiß abspalten sollen, haben bei unseren Versuchen keine höheren VC-Werte ergeben als die entsprechenden Kontrollen, bei denen wir nur mit Metaphosphorsäure gearbeitet haben. Der Ansicht, daß „Askorbinogen" bei der Behandlung mit Metaphosphorsäure ohne Abspaltung der AS gefällt werde, müssen wir deshalb widersprechen. Wenn fest an Eiweiß gebundene AS in pflanzlichen Geweben überhaupt vorkommt, dann erfassen wir diese bei der Bestimmung des Gesamt-VC-Gehaltes mit, wenn wir den von uns angewandten Analysengang einhalten (s. S. 18ff.).

Eine systematische Untersuchung des VC-Gehaltes der Blätter von 8 artenreichen Familien der einheimischen Flora ergab, daß in der Höhe des VC-Gehaltes ein charakteristisches Merkmal des biochemischen Gepräges der einzelnen Familien zum Ausdruck kommt. So neigen offensichtlich die Rosaceen und Cruciferen zu stärkerer VC-Bildung, die Compositen hingegen zu schwächerer (s. Tabelle 19). Noch viele Untersuchungen sind erforderlich, um die Höhe des VC-Spiegels weiterer Familien, als wir es tun konnten, zu ermitteln, vor allem wenn sich im Sinne von Molisch der VC-Gehalt zur Aufhellung verwandtschaftlicher Beziehungen heranziehen ließe. Soviel erscheint uns auf Grund unserer systematisch-statistischen Erhebung gesichert, daß sich in der Höhe des VC-Spiegels die genetische Konstitution ausdrückt und die Umwelteinflüsse nur modifizierend wirken (s. weiter unten).

Polyploide Pflanzen weisen gegenüber vergleichbaren diploiden keine wesentlich geänderten Gehalte an VC auf (s. S. 119).

Die Tatsache, daß eine genetisch bedingte Höhe des VC-Spiegels bei den einzelnen Familien vorliegt, kann bei der Suche nach VC-reichen Pflanzen, die auch für die Praxis von Bedeutung sein kann, als Basis verwendet werden. Die von uns durchgeführten Bestimmungen der VC-Gehalte in Blattgemüsen und Salaten läßt eindeutig erkennen, daß die Kulturpflanzen je nach ihrer Familienzugehörigkeit reicher oder ärmer an VC sind (s. S. 74).

In dem Bemühen, die Funktion des VC bei den physiologischen Abläufen der Pflanze aufzudecken, konnten wir uns nicht mit der Ermittlung der VC-Gehalte der grünen Laubblätter begnügen, sondern mußten auch in anderen Organen die VC-Menge feststellen und die Ergebnisse vergleichend auswerten. Obwohl bei der verschiedenen, anatomisch-histologischen Ausbildung, die zwischen den einzelnen Organen besteht, etwa ein Vergleich zwischen dem VC-Gehalt von Blättern und Wurzeln sehr schwierig und nur bedingt möglich ist, kann es als wahrscheinlich angesehen werden, daß die Blätter im Verhältnis zu anderen Organen reich an VC sind. Die Blumenblätter, die in morphologischer und physiologischer Hinsicht als metamorphosierte Blätter aufgefaßt werden, zeigen gegenüber den Laubblättern bei Bezugnahme auf das FG und TG in der Regel einen geringeren VC-Gehalt. Plasmochrome, d. h. chromatophorenführende Blumenblätter weisen vielfach höhere VC-Gehalte auf als chymochrome, denen die Plastiden fehlen. Der zytologischen Rückbildung der Zellen läuft die Verminderung des VC-Gehaltes parallel (s. S. 90). Auch im herbstlich sich verfärbenden Laubblatt tritt eine Senkung des VC-Spiegels ein (s. S. 78).

Pollen- bzw. Sporenzellen können reich an VC sein, aber die lebende Laubblattzelle weist noch höhere Gehalte auf (s. S. 97).

Wenn schon der Vergleich zwischen Laub- und Blumenblättern hinsichtlich des VC-Gehaltes schwierig ist, kann er zwischen Früchten und Laubblättern bei der großen Verschiedenheit der anatomischen Ausbildung nicht mehr durchgeführt werden; ja selbst Früchte verschiedener histologischer Ausbildung lassen sich kaum noch, was die VC-Gehalte anlangt, vergleichen. Es läßt sich nur feststellen, daß gewisse Früchte besonders reich an VC sind, andere dagegen arm. Plasmochrome Früchte weisen in der Regel höhere VC-Gehalte auf als chymochrome; es liegen also die gleichen Verhältnisse wie bei den Blumenblättern vor. Den Befund, daß plasmochrome Früchte bei der Reife eine Zunahme an VC gegenüber dem unreifen Zustand aufweisen, möchten wir unter die Ausbildung von sekundären Stoffen einreihen. Mit dieser Frage werden wir uns weiter unten befassen. Aus VC-Gehaltsbestimmungen von Samen, Drüsen, Honig, Rinden und Wurzeln, die wir durchgeführt haben, läßt sich entnehmen, daß Arten mit hohem VC-Spiegel in den Blättern auch in den anderen Organen und Geweben höhere VC-Werte haben als solche Arten, denen ein niederer VC-Spiegel in den Blättern eigen ist.

Bei den bisher im Zusammenhang diskutierten VC-Gehalten verschiedener Organe und Gewebe handelte es sich durchwegs um Pflanzen, die chlorophyllführende Laubblätter haben. Wenn wir die Annahme machen, daß in den Chloroplasten die VC-Bildung gebildet wird und von hieraus VC in andere Organe der Pflanzen einströmt, so ergibt sich eine physiologische Zweiteilung der VC-Gehalte. Man müßte unterscheiden zwischen autochthonem, in den Plastiden gebildetem VC und dem chlorophyllfreien Gewebe zugeströmten allochthonen. Wenn diese Hypothese richtig ist, dann müßten chlorophyllfreie Pflanzen frei von VC sein. Was ergeben nun die diesbezüglichen Bestimmungen? Chlorophyllfreie und chlorophyllarme saprophytische Phanerogamen sind arm an VC. Die parasitische *Cuscuta* entnimmt offenbar VC der Wirtspflanze (s. S. 111). Die Pilze, Hymenomyzeten-Sporenkörper, die wir untersucht haben, ergaben mit einer Ausnahme nur geringe VC-Werte, und es bedarf noch weiterer Untersuchungen, ob es sich bei den gefundenen Reduktionswerten ausschließlich um VC handelt.

Die von anderen Forschern behauptete VC-Bildung in der Sauerkraut-Silage (s. S. 113) läßt sich nicht aufrecht erhalten, so daß eine VC-Synthese durch Hefe und Bakterien unwahrscheinlich ist. Wenn eine solche erfolgen sollte, dann ist sie zweifellos so gering, daß sie sich bislang einer exakten Bestimmung entzieht.

Zusammenfassend läßt sich auf Grund der oben erwähnten Befunde so viel sagen, daß chlorophyllfreie Organismen in der VC-Bildung weit hinter den chlorophyllführenden Pflanzen zurückbleiben.

Die Entscheidung der strittigen Frage, in welchem Maße die VC-Bildung mit dem Chlorophyll bzw. der Photosynthese zusammenhängt, scheint aber durch die Untersuchung anderer Objekte möglich. Bekanntlich zeigen gewisse Laubblätter eine Verminderung des Chlorophylls in den Plastiden: Es bilden sich die sog. Aureaformen. Diese weisen nun, wie die vergleichenden Analysen zeigen, gegenüber den vergleichbaren normalgrünen Stammformen eindeutig mehr VC auf (s. S. 85). Diese Aureablätter bilden im Gegensatz zu den grünen Blättern bei der Photosynthese keine Assimilationsstärke, so daß der vermehrte VC-Gehalt mit der bevorzugten Zuckerbildung in Zusammenhang gebracht werden kann, was Moldtmann auf Grund anderer Untersuchungen auch angenommen hat. Wenn Aureablätter auch erheblich weniger Chlorophyll ausbilden als die vergleichbaren grünen Blätter, so verfügen sie doch über funktionstüchtige Chloroplasten. Eine Proportionalität zwischen Chlorophyll- und VC-Gehalt, der öfters angenommen wurde, besteht nicht, wohl aber ein Zusammenhang zwischen VC-Gehalt und photosynthetisch aktiven Chloroplasten. Die albinotischen Blätter, die keine photosynthetisch arbeitenden Plastiden enthalten, haben nämlich in der Regel geringere VC-Gehalte als die grünen Blätter. Wenn in albinotischen Blattarealen so viel oder sogar mehr VC gefunden wird, so können wir das VC als allochthones, aus den grünen Blatteilen stammend ansprechen, ebenso wie wir das in Blumenblättern und in Wurzeln vorhandene VC als solches auffassen.

Bei der bisherigen Diskussion über die VC-Gehalte verschiedener Pflanzenarten und -typen bzw. von Organen differenter morphologisch anatomischer Ausbildung haben wir stets im Auge behalten, daß das genetische und physiologische Gefüge der Pflanze maßgebend für die Höhe des VC-Betrages sei. Der in der Literatur auf Grund experimenteller Prüfung viel diskutierten Frage, in welchem Maße Umweltfaktoren den VC-Spiegel beeinflussen, wollen wir uns noch kurz zuwenden und vor allem mitteilen, was sich auf Grund unserer vorliegenden Untersuchungen hierzu sagen läßt. Zunächst sei auf die Ergebnisse der vergleichenden Untersuchungen von Sonnen- und Schattenblättern hingewiesen

(s. S. 77). Jene weisen mehr VC auf als diese, sowohl bei Bezugnahme auf das FG als auf das TG und die Blattfläche. Man ist nun leicht dazu geneigt, den höheren VC-Gehalt der Sonnenblätter mir ihrem angeblich höheren Chlorophyllgehalt, den sie gegenüber den Schattenblättern aufweisen sollen, in Zusammenhang zu bringen. Daß die meist dickeren Sonnenblätter je Flächeneinheit (korrekter: je Volumeneinheit) mehr Chloroplasten und Chlorophyll enthalten als die Schattenblätter, ist unbestritten; die Lichtabsorption der Sonnenblätter ist daher auch größer als die der Schattenblätter (s. SEYBOLD und WEISSWEILER 1942); bei Bezugnahme auf das FG sind die Schattenblätter in manchen Fällen aber chlorophyllreicher als die Sonnenblätter. Wenn wir die Sonnenblätter als Norm annehmen und bei den Schattenblättern von einer gehemmten VC-Bildung sprechen, so wäre dafür die Ursache anzugeben. Ganz allgemein können wir die Schattenblätter als Hemmungsbildungen auffassen und bei ihnen eine allgemein verminderte physiologische Tätigkeit als wahrscheinlich annehmen, die sich auch in einer Senkung des VC-Spiegels ausdrückt. Stärkere Belichtung scheint die Bildung von VC zu begünstigen. Dafür bietet eine Apfelfrucht vielleicht das beste Beispiel. Auf der „Südseite“ des Apfels findet sich mehr VC als auf der „Nordseite“ (s. S. 103).

Für die Behandlung unserer Frage sind weiter die ermittelten Befunde an Wasserpflanzen von Bedeutung. Wie aus Tabelle 32 und 33 entnommen werden kann, ist der VC-Gehalt submerser Wasserpflanzen im allgemeinen gering. Bei „amphibischen“ Arten, bei denen der untere Sproßteil submers, der obere emers wächst, kommt es deutlich zum Ausdruck, daß die submersen Blätter und Sprosse in der Regel einen verminderten VC-Gehalt haben. In morphologischer und anatomischer Hinsicht werden die submersen Blätter gegenüber den emersen als Hemmungsbildungen aufgefaßt, wobei über die Ursache selbst noch nichts ausgesagt ist. Dieses Problem soll hier nicht diskutiert werden, nur auf einen Faktor sei kurz hingewiesen. In tieferen Wasserschichten ist das Licht im allgemeinen beträchtlich schwächer als an der Oberfläche. Aus diesem Grunde hat man für die Ausbildung der submersen Blätter oftmals den Lichtfaktor als ausschlaggebend angesehen. Da aber in seichtem klarem Wasser ebenfalls submerse Blätter ausgebildet werden, kann der Lichtfaktor direkt für submerse Blattbildung nicht verantwortlich sein. Findet sich in submersen

Blättern weniger VC als in emersen, so darf man wohl auch dem Lichtfaktor keinen unmittelbaren Einfluß zuschreiben, da die meisten von uns untersuchten submersen Blätter aus nur wenige Zentimeter tiefem klarem Wasser stammten, also von einem Lichtmangel, Schattenlicht, Halbdunkel u. dgl. keine Rede sein kann. Vermutlich ist der geringe VC-Gehalt der submersen Blätter Ausdruck ihrer allgemein herabgesetzten physiologischen Aktivität. Ohne Zweifel sind an der überall feststellbaren Variabilität des VC-Gehaltes die Umweltfaktoren beteiligt. Wie unsere Untersuchungen ergaben, müssen wir selbst bei einem genetisch einheitlichen Untersuchungsmaterial mit Schwankungen von 20% rechnen, auch wenn die Umweltbedingungen sozusagen einheitlich sind. Wenn Einzelbestimmungen von solchem Material Abweichungen dieses Ausmaßes zeigen, dann ist es recht schwierig, ja unmöglich, aus statistisch nicht hinreichend gesichertem Material anzugeben, in welchem Maße dieser oder jener Faktor auf den VC-Gehalt auswirkt. Tageszeitliche Schwankungen des VC-Gehaltes scheinen uns bislang nicht nachgewiesen. Jahreszeitliche Schwankungen sind vorhanden, aber offensichtlich von weit geringerem Ausmaß, als bisher angenommen worden ist. Damit kommen wir zu der Kardinalfrage, welche Funktion dem VC in der Pflanze zukommt, weil sozusagen eine Entscheidung der Frage verlangt wird, ob wir das VC als ein allgemeines, physiologisch bedeutungsloses Stoffwechselprodukt neben unzähligen anderen ansprechen, oder ob wir das VC als Phytohormon, also einen wesentlichen Wirkstoff gelten lassen, sei es, daß ihm eine Rolle beim Wachstum oder bei irgendeinem stoffwechselphysiologischen Prozeß zukommt.

Beantworten möchten wir diese Frage in einer anderen Abhandlung, in der wir über experimentelle Beeinflussung des VC-Spiegels berichten werden. Hier sei nur versucht kurz anzudeuten, wie mit den vorliegenden Ergebnissen die aufgeworfene Frage zu beantworten ist. Wenn in reifenden Früchten (z. B. Hagebutten und Sanddornbeeren) erhebliche, ja die bisher höchsten VC-Gehalte ermittelt worden sind, so spricht dies dafür, daß AS bzw. VC wie andere Säuren, Zucker usw. als physiologische Endprodukte des Stoffwechsels der Mutterpflanze auftritt, die für diese selbst wie für die nächste Generation physiologisch bedeutungslos sind. Solches VC möchten wir als „funktionsloses Überschuß-VC" bezeichnen (das soll nicht heißen, daß es chemisch reaktionsinaktiv sei!). Die größeren VC-Mengen in absterbenden Zellen des Fruchtfleisches fielen dann unter den Begriff der sekundären Pflanzenstoffe, wie ihn FREY-WYSSLING verwendet. Es unterliegt gar keinem Zweifel, daß der größte Teil des VC in Früchten in der Zellvakuole vorliegt, die als „Rumpelkammer" für überschüssige Stoffe gelten kann. Ebenso wie in den reifenden Früchten dürfte das VC der Blumenblätter Überschuß-VC sein. Es ist nicht mehr zu bezweifeln, daß Blumenblätter und reifende Früchte sich in derselben Phase physiologischen Abbaues wie die Herbstblätter befinden (SEYBOLD 1943), in denen ein mehr oder weniger großer Teil der VC-Menge des grünen, physiologisch-aktiven Stadiums anzutreffen ist. VC in Sekreten (Drüsen, Honig) wäre auch als Überschuß-VC anzusehen. Ist nun der VC-Gehalt der grünen Laubblätter, der in vielen Fällen auch groß ist, als Überschuß-VC anzusehen, oder übernimmt das VC bei dem einen oder anderen physiologischen Prozeß eine wesentliche Funktion? Mehrere Indizien sprechen dafür, daß in den Chloroplasten AS vorhanden ist, sie also an Orten physiologischer Aktivität auftritt. Es fehlt nicht an Hypothesen, die das Redox-System AS $\rightleftarrows$ DAS bei diesem oder jenem Prozeß als funktionell beteiligt betrachten, und solches VC wäre somit als Phytohormon anzusprechen. Die geringen VC-Mengen von Samen, Sporen und Pilzen könnten auch in diesem Sinne aufgefaßt werden. Da Rosaceen- und Cruciferenblätter viel, Compositenblätter dagegen wenig VC enthalten, ließe es sich denken, daß diese weniger, jene aber mehr Überschuß-VC in den Blättern führen und nur ein verhältnismäßig kleiner Teil in allen Fällen phytohormonale Funktion hat. In mehrjährigen Blättern perennierender Pflanzen steigt im Frühjahr der VC-Gehalt an (s. S. 29). Noch steht eine sichere Deutung dieses Befundes aus. Es ist möglich, daß bei der Mobilisierung der Reservestoffe im Frühjahr Überschuß-VC anfällt, also neben anderen Abfallstoffen auch dieses gebildet wird. Es ist aber auch vorstellbar, daß für die gesteigerten Stoffwechsel- und wachstumsphysiologischen Prozesse größere Mengen des Phytohormons VC erforderlich und aktiv sind. Hier und bei den anderen spekulativ diskutierten Fragen können nur experimentelle Untersuchungen eine Klärung herbeiführen. In absehbarer Zeit hoffen wir selbst Beiträge hierfür liefern zu können. Die hier vorgelegte statistische Untersuchung auf breiter Basis ist wohl zunächst für die pflanzenphysiologische Forschung dienlich. Für Fragen der menschlichen Ernährung und der Medizin dürften die gezeitigten Resultate unabhängig davon, wie das pflanzenphysiologische Problem des VC gelöst werden wird, von Nutzen sein.

Literatur.

BONNER, J. and J. GREENE: Vitamin B_1 and the growth of green plants. Bot. Gaz. **100**, 226 (1938/39). — BÜHLER, H.: Über den Stickstoffgehalt plasmochromer und chymochromer Blumenblätter. Bot. Arch. **45**, 259 (1944). — BUKATSCH, F.: Über die Rolle der Ascorbinsäure in den Chloroplasten. I. Planta (Berl.) **30**, 118 (1939/40). — Über die Rolle der Ascorbinsäure in den Chloroplasten. II. Planta (Berl.) **31**, 209 (1940/41). — Zur Bestimmung des Ascorbinsäuregehaltes in gerbstofführenden Pflanzenteilen. Protoplasma (D.) **36**, 571 (1942). — Über den Ascorbinsäuregehalt der Coniferennadeln. Vitamine und Hormone **4**, 201 (1943). — Der Ascorbinsäuregehalt von Laub- und Blumenkronblättern einiger Liliifloren. Protoplasma (D.) **37**, 287 (1943). — BURGEFF, H. u. A. SEYBOLD: Zur Frage der biochemischen Unterscheidung der Geschlechter. Z. Bot. **19**, 497 (1927). — DISCHENDORFER, O.: Über den histochemischen Nachweis von Vitamin C (l-Ascorbinsäure) in Pflanzen. Protoplasma (D.) **28**, 516 (1937). — DROESE, W. u. H. BRAMSEL: Vitamin-Tabellen der gebräuchlichsten Nahrungsmittel. Leipzig 1941. — EGLE, K.: Zur Kenntnis des Lichtfeldes der Pflanze und der Blattfarbstoffe. Planta (Berl.) **26**, 546 (1937). — EICHHOLTZ, F.: Sauerkraut und ähnliche Gärerzeugnisse. Wissenschaft **96** (1941). — EIDMANN, F. E.: Ein neuer Weg der Saatgutprüfung. Forschungsdienst **3**, 448 (1937). — EMMERIE, A. and M. VAN EEKELEN: The chemical Determination of Vitamin C with Removal of interfering Reducing and coloured Substances. Biochem. J. (Brit.) **28**, 1153 (1934). — Some critical Remarks on the Determination of Ascorbic Acid. Biochem. J. (Brit.) **30**, 25 (1936). — Über die Ascorbinsäure (Vitamin C) und ihre chemische Bestimmung in Nahrungsmitteln. Z. Vitaminforsch. **7**, 254 (1938). — GSTIRNER, F.: Chemisch-physikalische Vitaminbestimmungsmethoden, 3. Aufl. Stuttgart 1941. — GÜNTHER, E.: Die Fehlerquellen bei der Bestimmung von Gesamtvitamin C vermittelst der Schwefelwasserstoff-Reduktion. Vitamine und Hormone **5**, 55 (1944). — GUHA, B. C. and B. GOSH: Biosynthesis of ascorbic acid. Nature (Brit.) **1936 II**, 844. — HENKE, H.: Neue Erkenntnisse über das natürliche Vorkommen, Verhalten und den Sitz des reduzierenden Körpers in pflanzlichen Produkten und seine Idendität mit der Ascorbinsäure (Vitamin C). Diss. Frankfurt 1936. — HERRMANN, R.: Handbuch der landwirtschaftlichen Versuchs- und Untersuchungsmethodik (Methodenbuch), Bd. 4. Neudamm u. Berlin 1941. — HOLTZ, P. u. CHR. REICHEL: Über die gebundene Ascorbinsäure in Pflanzen. Klin. Wschr. **1940**, 461. — HÖRMANN, B.: Unsere natürlichen Vitamin C-Spender. Bild- u. Schriftenreihe: Heil- und Nährkräfte aus Wald und Flur. München 1941. — Die Sanddornbeere. Bild- u. Schriftenreihe: Heil- und Nährkräfte aus Wald und Flur. München 1941. HÜTER, F.: Zur Biochemie der Schilddrüsenfunktion, III. Mitteilung: Die entgiftende Wirkung des Vitamins C gegenüber kropferzeugenden Substanzen. Z. Naturforsch. **1**, 283 (1946). — JACOBSEN, E. u. G. FAULENBORG: Z. Vitaminforsch. **9**, 48 (1939). — KESSLER, W.: Über den Vitamin C-Gehalt deutscher Apfelsorten und seine Unabhängigkeit von Herkunft, Lichtgenuß, Düngung, Dichte des Behanges und Lagerung. Gartenbauwiss. **13**, 619

(1939). — KEY, K. M.: The determination of Vitamin C in diploid and tetraploid tomatoes. Biochem. J. (Brit.) **27**, 153 (1933). — KING, C. H.: Vitamin C, ascorbic acid. Physiol. Rev. **16**, 238 (1936). — KUHN, A.: Zur Technik der Vitamin C-Bestimmung mittels Dichlorphenol-Indophenol. Madaus Jber. **4**, 68 (1940). — KUHN, A. u. H. GERHARD: Zur Frage der Spezifität der Vitamin-C-Bestimmung mittels Dichlorphenol-Indophenol. Vitamine und Hormone **2**, 264 (1942). — Zur Verbesserung der Spezifität der chemischen Vitamin C-Bestimmung. Vitamine und Hormone **4**, 325 (1943). — KUHN, A. u. G. SCHÄFER: Zur Kenntnis des Vitamin C-Gehaltes frischer Arzneipflanzen. Madaus Jber. **3**, 52 (1939). — LAKON, G.: Topographischer Nachweis der Keimfähigkeit der Getreidefrüchte durch Tetrazoliumsalze. Ber. dtsch. bot. Ges. **60**, 299 (1942). — Topographischer Nachweis der Keimfähigkeit von Mais durch Tetrazoliumsalze. Ber. dtsch. bot. Ges. **60**, 434 (1942). — LINK, K.: Über das Schicksal von Vitamin C in Silagen. Diss. Heidelberg 1937. — LÖHNER, M.: Vitamin C in Heil- und Gewürzpflanzen. Heil- und Gewürzpfl. **20**, 17 (1941). — Siehe B. HÖRMANN. 1941. — LUNDE, G.: Vitamine in frischen und konservierten Nahrungsmitteln. Berlin 1940. — MEYER, A.: Über die Assimilationsprodukte der Laubblätter angiospermer Pflanzen. Bot. Ztg. **43**, 417 (1885). — MIRIMANOFF, A.: Vitamin C et chlorophyll. C. r. Soc. Acad. Sci. Par. **206**, 766 (1938). — Acide ascorbique et pigmentes caroténoides. Signification de la réaction de Molisch et essai de localisation de l'acide ascorbique. C. r. Soc. Acad. Sci. Par. **206**, 1038 (1938). — MÖCKEL, W. u. J. WOLF: Über den Ascorbinsäuregehalt deutscher Apfelsorten. Gartenbauwiss. **16**, 188 (1942). — MÖCKEL, W., J. WOLF u. U. DEGEN: Weitere Untersuchungen über den Ascorbinsäure- und Vitamin C-Gehalt deutscher Apfelsorten. Gartenbauwiss. **17**, 176 (1943). — MOLDTMANN, H. G.: Untersuchungen über den Ascorbinsäuregehalt der Pflanzen in seiner Abhängigkeit von inneren und äußeren Faktoren. Planta (Berl.) **30**, 297 (1939/40). — MOLISCH, H.: Das Chlorophyllkorn als Reduktionsorgan. S.ber. Akad. Wiss. Wien, Abt. I **127**, 449 (1918). — MOLL, TH. u. H. WIETERS: Untersuchungen über Dehydroascorbinsäure. Mercks Jber. **50**, 65 (1937). — NEUBAUER, M.: Das Vitamin C in der Pflanze. Protoplasma (D.) **33**, 345 (1939). — PAECH, K.: Über den Vitamin C-Gehalt deutscher Äpfel. Z. Unters. Leb.mitt. **76**, 234 (1938). — Die Verteilung der Ascorbinsäure in der Kartoffelknolle. Biochem. Z. **298**, 307 (1938). — RATHLEF, H. v.: Der Askorbinsäuregehalt der Hagebutten. Vitamine und Hormone **2**, 275 (1942). — REEDMAN, E. J. and E. W. MCHENRY: Combined ascorbic acid in plant tissues. Biochem. J. (Brit.) **32**, 85 (1938). — SABALITSCHKA, TH.: Zur Bestimmung von Vitamin C. IV. Über die Bestimmung des Vitamins C mit Dichlorphenolindophenol. Vitamine und Hormone **4**, 376 (1943). — SABALITSCHKA, TH. u. U. KLEFFNER: Einfluß von Alter und Jahreszeit auf den Vitamin C-Gehalt der Nadeln von Fichte und Kiefer. Pharmazie **1**, 90 (1946). — SABALITSCHKA, TH. u. H. MICHELS: Der Vitamin C-Gehalt von Sanddornbeeren aus dem Küsten- und dem Alpengebiet. Süddtsch. Apothekerztg **86**, 153 (1946). — SANSOME, F. W. and S. S. ZILVA: Polyploidy and Vitamin C. Biochem. J. (Brit.) **27**, 1935 (1933); **30**, 54 (1936). — SCHROEDER, H. u. H. BRAUN: Die Hagebutte, 2. verb. Aufl. Stuttgart 1945. — SCHRÖDERHEIM, J.: Untersuchungen über den Ascorbinsäuregehalt in Hagebutten. Lunds Univ. Arsskr. N. T. Avd. 2 **37**, 1 (1941). — SCHUPHAN, W.: Biologischer Wert und Hektarertrag von Freiland- und Gewächshauserzeugnissen insbesondere von Gemüse. Berlin 1943 — SCHWARZE, W. K. u. E. GÜNTHER: Die Bestimmung der l-Ascorbinsäure mit chemischen Methoden. Pharmazie **2**, 261 (1947). — SEYBOLD, A.: Pflanzenpigmente und Lichtfeld als physiologisches, geographisches und landwirtschaftlich-forstliches Problem. Ber. dtsch. bot. Ges. **60**, 64 (1942). — Die Blattfarbstoffe und ihre physiologische Bedeutung. Umschau **1943**, 189. — SEYBOLD, A. u. K. EGLE: Lichtfeld und Blattfarbstoffe. I. Planta (Berl.) **26**, 491 (1937). — Lichtfeld und Blattfarbstoffe. II. Planta (Berl.) **28**, 87 (1938). — Über das Verhältnis der Chlorophylle und Carotinoide im Kot verschiedener Tiere. Z. physiol. Chem. **257**, 49 (1939). — SEYBOLD, A. u. A. WEISSWEILER: Spektrophotometrische Messungen an grünen Pflanzen und an Chlorophyll-Lösungen. Bot. Arch. **43**, 252 (1942). — STEPP, W., J. KÜHNAU u. H. SCHROEDER: Die Vitamine und ihre klinische Anwendung, 6. Aufl. Stuttgart 1944. — STOKKER, O.: Das Wasserdefizit von Gefäßpflanzen in verschiedenen Klimazonen. Planta (Berl.) **7**, 382 (1929). — STROHECKER, R.: Über die Bildung, Entstehung und das örtliche Vorkommen von Vitamin C in pflanzlichen Geweben. Z. Unters. Leb.mitt. **70**, 76 (1935). — VETTER, R. u. W. WINTER: Vitamin C als Ernährungsproblem. Z. Vitaminforsch. **7**, 192 (1938). — VOGEL, H.: Chemie und Technik der Vitamine. Stuttgart 1940. — WACHHOLDER, K. u. A. OKRENT: Untersuchungen zur Frage des Vorhandenseins gebundener Ascorbinsäure. Z. physiol. Chem. **264**, 254 (1940). — WEBER, F.: Vitamin C-Gehalt gefütterter Drosera-Blätter. Ber. dtsch. bot. Ges. **58**, 370 (1940). — Vitamin C-Gehalt von Albinos und panaschierten Pflanzen. Protoplasma (D.) **35**, 136 (1941). — Vitamin C im Nektar von Fritillaria imperialis. Protoplasma (D.) **36**, 613 (1942). — WEHMER, C., W. THIES u. M. HADDERS: Systematische Verbreitung und Vorkommen der einzelnen Zucker. In Kleins Handbuch der Pflanzenanalyse, Bd. 2, Teil 1, S. 850. Wien 1932. — WENDT, G. v. u. W. MÜLLER-LENHARTZ: Das C-Vitaminproblem in der menschlichen Ernährung. Leipzig 1939. — WIETERS, H.: Über das Vorkommen von Vitamin C in Pflanzen. Mercks Jber. **49**, 77 (1935). — WINTERSTEIN, A. u. C. FUNK: Vitamine. In Kleins Handbuch der Pflanzenanalyse, Bd. IV/2, S. 1041, Wien 1933. — ZILVA, S. S., F. KIDD and C. WEST: Ascorbic acid in the metabolism of the apple fruit. New Phytologist **37**, 345 (1938).

Sitzungsberichte

der

Heidelberger Akademie der Wissenschaften

Mathematisch-naturwissenschaftliche Klasse

Jahrgang 1948

Heidelberg 1948
Springer-Verlag

INHALT.

Jahrgang 1948.

GPSR Compliance

The European Union's (EU) General Product Safety Regulation (GPSR) is a set of rules that requires consumer products to be safe and our obligations to ensure this.

If you have any concerns about our products, you can contact us on ProductSafety@springernature.com

In case Publisher is established outside the EU, the EU authorized representative is:

Springer Nature Customer Service Center GmbH
Europaplatz 3
69115 Heidelberg, Germany

Batch number: 10682411

Printed by Printforce, the Netherlands